规划力

走对人生每一步

PLANNING POWER

师蕾清 — 著

人民日报出版社

图书在版编目（ＣＩＰ）数据

规划力：走对人生每一步 / 师蕾清著. -- 北京：
人民日报出版社, 2020.11
ISBN 978-7-5115-6703-1

Ⅰ.①规… Ⅱ.①师… Ⅲ.①女性—成功心理—通俗
读物 Ⅳ.①B848.4-49

中国版本图书馆CIP数据核字(2020)第225144号

书　　名：规划力: 走对人生每一步
　　　　　GUIHUA LI : ZOU DUI RENSHENG MEIYIBU
作　　者：师蕾清

出 版 人：刘华新
责任编辑：袁兆英
封面设计：昇一设计

出版发行：人民日报出版社
社　　址：北京金台西路2号
邮政编码：100733
发行热线：（010）65369509　65369527　65369846　65363528
邮购热线：（010）65369530　65363527
编辑热线：（010）65363105
网　　址：www.peopledailypress.com
经　　销：新华书店
印　　刷：河北盛世彩捷印刷有限公司
法律顾问：北京科宇律师事务所 010-83622312

开　　本：710mm×1000mm　1/16
字　　数：232千字
印　　张：15
印　　次：2020年11月第1版　　2020年11月第1次印刷

书　　号：ISBN 978-7-5115-6703-1
定　　价：48.00元

选择大于努力　规划成就人生

人生的道路虽然漫长，但关键处往往只有几步，特别是在二十几岁的黄金时代。而这关键的几步，有时并不是考验我们的能力，而是考验我们的选择。

在《杀鹌鹑的少女》中，有这样一段话：

当你老了，回顾一生，就会发觉：什么时候出国读书、什么时候决定做第一份职业、什么时间选定了恋爱对象、什么时候结婚，其实都是命运的巨变。只是当时站在三岔路口，眼见风云千樯，你做出抉择那一日，在日记上，相当沉闷和平凡，当时还以为是生命中普通的一天。

有些选择看似平凡，实际却会影响我们的一生。若想在每一个重要转折点都做出正确的选择，最重要的便是这四个字——不忘初心。

我非常喜欢一句话："圆规可以画圆，是因为脚在走，心不动。"多数人的生活匆匆忙忙，穷其一生也只是在赶路，在随波逐流，从没问过自己："我究竟想要什么？"就如同一条没有方向的船，什么风都是逆风。

人生的蓝图若想绘得漂亮，最重要的是对自己有一个清晰的认知，明确自己真正想要的是什么，接下来就是规划好未来要走的每一步，直到实现你的心中所愿。

20岁那年，我在央视实习，清晰地记得，第一次拿着带有"CCTV"标志的话筒时，心中的那份兴奋和激动。刚参加工作时，我的工资微薄，但丝毫没有动摇过我在这个行业深耕下去的决心。记者的工作非常忙碌，每天奔波在不同的采访地点，常常凌晨两点还在伏案准备素材。为了在镜头前呈现更好的自己，不管多晚也要对着镜子反复练口型。第二天又早早爬起来，整装待发赶在采访的路上……这份职业一干就是六年。

直到现在，我依然觉得自己能在初入社会时，选择记者作为职业生涯的开始是件幸运的事儿。在这个过程中，我采访了很多人，经历了很多事，收获了很多同龄人无法触及的经验与教训，还近距离接触了许多行业精英、成功人士，他们的处世哲学启发着我不断思考"什么才是所谓有意义的人生"。

记忆犹新的是在一次财经新闻的报道中，我采访过的一位金融女高管。她22岁经商，获得第一桶金后赴美国留学，并在美国某资产管理公司负责上市公司的投资项目。28岁回国，在国内知名金融企业做投资。她气场强大、眼光独到，业界人称"投资女神"。近来得知她已经辞去了所有职务，悄然转身，隐退江湖，开启了珠宝设计的事业，过上了和从前截然不同的生活。我很吃惊，问她为什么在事业如日中天的时候戛然而止，她说这是她很早之前就做好的规划——在40岁之前拼搏事业，在40岁之后体验另一种生活。她还兴致盎然地向我谈起了她60岁之后的人生规划，那又是另一番新奇之旅。我惊叹：她真是一位能把人生过得很精彩的女性。

也就是从那时起，我意识到，人生的道路有千万条，有野心就大胆追逐，想安逸就认真享受当下。选择哪一条，能活得更精彩，并没有固定的答案，唯一要遵从的就是自己的内心，能面对真实的自己。于是，我开始思考自己的生活，思考事业、生活、家庭之间该怎么组合，才能过上我想要的生活。随着我采访的行业越来越多，遇到的人越来越多，我对自己未来的规划也越发笃定。有一天，我从央视下班回家，路过长安街时，静静地站在天安门广场看亮起的霓虹灯。我发现北京这座城市好美，美得让我感动，让我想和这座城市产生更多的联结，希望自己的未来能在这里绽放。那一刻，未来的生活突然清晰地浮现在我的脑海中，仿佛有一种力量指引着我向它迈进。

27岁这年，我成了两个宝贝的妈妈，顺利读完管理学硕士的全部课程，以优秀毕业生的身份站在毕业典礼的舞台上。毕业后，晋升企业高管，事业迈向新台阶。

回看当初那个站在长安街上憧憬未来的小女孩，如今已经初步实现了她对人生各方面的期待。而当时规划的初心，就是按照自己的意愿过生活。

作为知识的发现者和探索者，我在欧洲读管理学的时候，从多个领域、多个维度汲取知识，查阅了大量国内外最前沿的，关于人生规划、生活管理的方法，了解到很多国外最新的规划管理理论。

2019年，我开始利用闲暇时间在自媒体上发表文章，将我"站在巨人的肩膀上"学到的一些能够改变生活的实用方法分享出去，竟然得到了很多读者朋友的关注。他们对我说，之前读了太多心灵鸡汤类的内容，才发现那不过是暂时的安慰剂，只有在我的文章里，才能读到真正实用的、能够改变生活的实操方法。甚至有很多朋友给我发私信，希望我能对他们当前的困境予以解答。

为了能够帮助更多的人，我把一路走来的经验分享出来，希望和我一样对自己未来有要求的年轻人明白，精妙的规划并利用好自己的时间，你可以实现任何目标，提升规划力，是帮助我们尽快实现目标的实用手段。

最后，希望你在读完这本书之后，通过努力过上自己想要的人生。

师蕾清

2020年7月30日

为我的30岁作序，与你的30岁相遇。

这本书，是给自己的30岁礼物，也希望现在的你到30岁时回头看，会觉得这本书是自己曾经重要的礼物。

Part2

"人生赢家"，关键就是选好那几条分岔路

Part3

一套生活伴手工具，整理好你的生活

Part1

30岁，人生的分水岭

规 划 力 ： 走 对 人 生 每 一 步

Chapter 1　如果人生可以重来，你想怎样度过

你最想对十年前的自己说些什么

有一次，我和朋友一起喝下午茶，一群学生模样的女孩从我们身边欢笑而过。

朋友感叹："要是能年轻十岁该多好呀！"然后她转向我，"蕾清，如果可能，你想回到十年前吗？"

我认真想了想，告诉她："我觉得现在的生活状态要比十年前好。"

很多人都有过回到过去的幻想，在我刚进入大学的时候，也常常有这样的想法。这不仅因为青春是所有人的梦想，更因为如果我们带着"早知道"回到过去，生活会变得美好很多。

早知道这样，我初中就好好学习了；早知道这样，我高中就不早恋了；早知道这样，我大学就报考北京了；早知道这样，我就不选择这份工作了；早知道这样，我就不跟他结婚了……

生活中有太多事情让我们懊悔，而且年龄越大，懊悔的事情越多。但冷静下来想一想，如果人生真的可以重来，我们真的回到了十年前，一切就能彻底改变吗？

野比大雄拥有时光机，他可以随时回到过去。为了改变现状，他甚至搭乘时光机暴揍了三年前的自己，并逼迫三年前的自己"保证会好好学习"。可回到现实后，他并没有什么改变，依旧是那个"成绩零蛋，体育也不行"的大雄。

哆啦A梦皱着眉头劝大雄："为什么要逼过去的自己呢，现在开始努力不就好了吗？"

大雄恍然大悟："对啊，我现在就要努力！"

扎好头巾奋斗5分钟后……

"休息一会儿吧。"大雄摆好了睡午觉的姿势，昏昏沉沉地说。

我们又何尝不是这样？每次受挫时，第一个念头不是"我要怎样改变它"，而是"如果它没有发生就好了"。这是一种消极的心态，而正是这样一次又一次的幻想，阻碍了我们变得更好。

非洲女作家丹比萨·莫约在《援助的死亡》一书的结语中说："种一棵树最好的时间是十年前，其次是现在。"如果我们想要过上更好的人生，与其懊悔当初，不如放眼现在。从这一秒起，不再抱有回到十年前的幻想，而是开始为十年后的人生做规划。

我有一位朋友，她的梦想是考取北京师范大学的汉语言文学专业。

刚上初中时，她把大部分精力放在了自己感兴趣的英语和文综科目上，而物理、化学和生物这三门理科学科成绩平平。当时，她的班主任、物理老师、化学老师和生物老师都在批评她的偏科问题，还断言如果不解决偏科问题，她将难以考上理想的高中。

果然，她的中考成绩就像老师们预言的那样，因偏科问题而被重点高中拒之门外。她的父母很是伤心，文科老师们也为她惋惜，但她自己却像没事人一样我行我素。

高一时，她是班级里中不起眼的"中游生"；

高二分了文理科，她从年级300多名一跃成为年级前20名；

高三第一次模拟考试，她的总分达到660分，这个成绩对高考生来说，相当于一只脚已经迈进了北师大。

转眼高考，她以优异的成绩考取了北京师范大学，顺利被汉语言文学专业录取。当年惋惜她偏科的老师为她感到高兴，埋怨她没有上重点高中的父母激动不已，只有她，仍然是一副处变不惊的样子。

事后，她笑着告诉我："这有什么好惊讶的呢？我六年前就已经想好这样的结果，一直照此规划自己的人生，如果最后没考上，那我才会惊讶呢！"

像我这位朋友，在中学时代，虽然会以课业为重，但她因为有明确的目标和清晰的规划，很果断地将重点放在研习其中一部分课程上。你若问她想不想回到十年前，我想她的答案一定是否定的。有规划的人，他们进入大学后，同样不会虚度年华。**那些始终向前看的人，他们人生的每个阶段都有着独特的精彩，任何时候都在用力生活。既然未来可期，又有什么理由抓着过去不放呢？**

大家都说，大学就像是一所"美容院"，但在我看来，大学更像一家"整容院"。初入大学时，每个人都像一只"丑小鸭"：戴着"酒瓶底"般厚的眼镜，在穿着上也丝毫不懂得搭配的艺术。军训的历练把我们的皮肤晒得黝黑，大四毕业前回头看大一的照片，大家都笑成一团：这个曾经又黑又朴实的小胖子真的是我吗？然而，比自身差距更大的，是每个人之间的认知差距。

有的人从一开始就有明确的就业目标，因此努力学习专业知识，并且很早就开始实习；有的人希望在专业领域深耕，早早定下了考研规划；有的人自知专业选得不如意，通过努力转到了真正喜欢的专业；而有的人过得浑浑噩噩，大学四年一直在蹉跎岁月。

年轻时的自己，遇到了不如意的事，很容易产生"早知道"的情绪，沉浸在叹息和抱怨中。但是，与其抱怨和懊悔专业没选好，不如踏踏实实努力学习，争取达到转专业的标准；与其叹息高考发挥失常，没能进入心仪的大学，不如痛定思痛，在不够如意的学校里做到最好。真正让我们变得优秀的，永远不是自怨自艾，而是踏实努力。

当我们步入职场后，如果你是懂得规划的人，你会以未来发展和人际关系为标准来评估工作可以带给我们的价值，从而规划升职或找到更好的平台。

有规划的人往往不会选定一条路走到黑，他们会时常评估自身状态，不断提升自己。他们知道自己现在想要什么，也知道自己未来要得到什么。更重要的是，他们知道通往未来的路应该怎么走。他们一直过着优质舒心的生活，自然不会用回到过去的幻想来逃避现实的不如意。

每个人的过去都难免有遗憾，但重要的是，不要沉湎于过去，要珍惜当下。

人生的旅途有千万条路，这些路又有无数分支，即使我们做出的每一个选择都经过深思熟虑，也仍然有犯错的可能。就算真的做错了什么，也不必惊慌，不必沮丧，只需从现在开始，重新出发。

慎重对待人生的每一步，做好人生规划，因为我们能切实抓在手里的，不是过去，只有现在。

如果一定要问我想对十年前的自己说些什么，那我想对自己说：别徘徊，别犹豫，昂起头，大胆自信地向前走。

三十而立，立的是什么？

有没有想过，你的一生会有多长？

有没有想过，当下的年龄对你来讲意味着什么？

权威资料显示，2020年中国人的平均寿命是77.3岁。

乐观一点来看，假设我们一生的长度是90岁，那么30岁就是人生的三分之一。

客观来讲，从生活质量与创造价值等各方面相比，老年生活与年轻时简直是天壤之别。60岁的状态与30岁的状态截然不同，更别提古稀与耄耋了。从质量上看，30岁之前的人生，在整个人生历程中，比三分之一的占比要更大。

因此，很多人说，30岁是人生的分水岭。

孔子说："三十而立"。二十几岁的你，如何理解"三十而立"呢？你对目前的生活状态满意吗？你想用怎样的姿态迎接你的30岁？

工作中，你是得过且过、敷衍塞责，还是通过不断自我提升，已经获得或者正在争取财富自由？

恋爱里，你是邋遢懒散、满腹抱怨，还是认真经营感情、不断提升自身吸引力？

生活中，你是怨天尤人、自暴自弃，还是主动寻找生活乐趣、给每一天都赋予特殊的意义？

这三个问题，如果你的答案都是后者，那我要恭喜你，你已经找到了那个真实的自己，知道自己是谁，明白自己要往哪里走。但如果你是前者，那你是否有必要认真审视自己、想想"三十而立"这个问题呢？

当你在工作中得过且过的时候，你有没有想过，为什么跟你同样学历的人已经拿着百万年薪站在了事业的高点？

当你为爱情患得患失的时候，你有没有想过，为什么其他人能顺利收获爱情，过上甜蜜的生活？

当你在生活中疲惫不堪的时候，你有没有想过，为什么那些比你年长的人每天都充满活力，生活得越来越从容？

当我们一边羡慕别人一边懒于改变时，我们最大的问题，就是把生活中所有的问题都归结为外界因素：归结于运气，归结于时间，归结于他人……却唯独忽略了自己。你可能忘了，能主宰我们命运的人，能改写我们未来的人，正是我们自己。

当你的工作能力足以打败身边竞争者，当你的职业技能接近满分、不会再为最基本的物质保障而发愁时，你只会着眼于如何让自己变得更优秀。

当你的生活美满到足以令同龄人羡慕，你不再会为日常琐事而烦心时，你会愿意原谅和包容很多事情。

当你的魅力足以超脱年龄的限制，能够用独特的气质填补容颜的缺陷时，你不再会害怕逐渐老去，你已明白气质与智慧才是永恒的美。

在一次飞往塞班岛的航班上，我邂逅了一位姿态优雅的美国老奶奶。她六七十岁的年纪，化着淡妆，穿一身驼色薄款长风衣，戴着一顶浅灰色的精致小礼帽，看起来时尚又端庄。这等年纪的女人还能有如此讲究的装扮，我心里不由得敬佩起她。

原本，我们一路无话。接近中午的时候，她突然用中文说了一句"你好，打扰了。"

我转过头，她把杂志放得离我近了些，很有礼貌地用带些口音的中文问："请问这个字怎么读？"

真没想到，这个年纪的老奶奶，竟然能说一口流利的中文，并且依然在学习。这让我有些吃惊，赶忙告诉她那个字的读音和含义。之后，我们开始用中文聊起天来，她的发音不甚准确，却很流利，而且完全可以听懂。她说自己来过中国四次，之前的三次已经走遍了中国近10个省市，还冒着高寒缺氧的风险去了西藏。

在聊天中，她讲述了自己的经历：年轻时，她是一名医生，一直忙着工作。她有三个孩子，现在都长大成人离开了家乡。十年前她爱人去世，退休后的她就一个人独自生活。现在，她的社会活动非常丰富，她加入了一家动物保护协会，每周有两天要去宠物收容所做义工，照看那些小动物。除此之外，每周还有三节瑜伽课，两节茶道课，她最着迷的就是中国文化。

我问："那您没想过搬去跟子女生活，或者请保姆来照顾自己吗？"

她一脸吃惊，好像我提了一个不可思议的问题："我自己生活多轻松自在，为什么要给自己找麻烦？我好不容易把孩子们养大，他们可以独立生活，剩下的时间都是我自己的，当然要为自己活着。"

我想，这位上了年纪的老奶奶要比很多30岁的人活得更加精彩，因为她知道自己想怎样活。

在我20岁的时候，迷茫过，崩溃过，幼稚过，也犯过一些追悔莫及的错误，年轻时候该有的样子和该交的学费，一项都没少。

那时的我认为，30岁应该是一个所有抉择都尘埃落定的时刻。我们已经走完了青春，再也不能像20岁那样"肆无忌惮"；人生再无惊无险，无悲无喜，可以清晰明了地看到未来几十年要过的生活，必须要为家庭和孩子牺牲大部分的时间和精力；被划入"叔叔""阿姨"的群体，而我们自己也照着"叔叔""阿姨"的模样刻画自己；全世界都希望我们定格，我们自己也逐渐认可了这种定格；我们必须时刻保持正确和稳妥，没有时间和空间再为自己的错误埋单……

　　但是，当我真的站在30岁的十字路口时，那些年的迷惘与彷徨、期待和张望，随着时间逐一消解，我依然拥有着二十多岁时的热情和不服输的底气。十年一梦，如今梦已成现实。不只是我自己，我身边一同走过十年的朋友，大多数也终于活成了想要成为的样子，就像书房外和煦的晨光，时常会令人感动并珍惜。这十年里，还陆续认识了很多年轻的朋友，她们眼里的朝气和野心，一如当年的自己。我羡慕他们，也接受着他们的羡慕。

　　现在的我，追求物质自由，所以辅修金融专业，主动规划投资理财；喜欢写作，于是坚持不懈地进行文字创作。人生的路不止一条，终点也不止一个，有多少种尝试，就能创造出多少种可能。无论怎样，只要按照自己的真实意愿走下去，人生总能各自精彩。

　　如果现在再有人问我，30岁应该是什么样子？我想，应该是拥有独立的思维模式，坚定的内在格局，有能将每次的失去转化成势能的本事，不被生活所驾驭，有能力做真实的自己。

　　三十而立，立的是能够主动去驾驭生活的信仰，立的是有能力做真实的自己的勇气。

面对人生分水岭，为什么有人会焦虑？

20岁，你还在享受校园青春的美好；23岁，你还在对即将到来的生活感到憧憬而紧张；25岁，你已经适应了工作状态，为工资、恋爱等现实问题忙碌着；27岁，你可能已经步入了婚姻的殿堂，也可能已经达到了一定的职场高度。然而，随着年龄逐渐增长，人们可能会产生焦虑。

"工资太少，以后家庭收入只能靠另一方，会不会被嫌弃？"

"没有事业，难道要靠家里养一辈子？"

"一心扑在事业上，眼看就30岁了，还是单身狗。"

"已经很久没有陪一陪日渐老去的父母了。"

"工作和生活看起来还不错，可总感觉不是自己想要的。"

不同的人有不同的焦虑，有人为金钱焦虑，有人为感情焦虑，有人为父母子女焦虑，有人为未来焦虑。我将这些常见的焦虑总结了一下，发现它们其实都来自我们人生的"短板"。

人生是由多模块、多维度组成的，有财富、感情、生活、事业、自我价值，哪一个模块没有做好，那就是我们的短板，我们便会为它感到焦虑不安。

这就是人生的木桶定律。一只木桶能装多少水，由最短的那块木板决定，想要让一只木桶盛满水，必须每块木板都一样平齐且无破损，最短的木板对整个人生是否圆满起到制约作用。

年轻的时候，还可以用经验不足搪塞，到了一定的年纪，猛然发现自己的短板竟然如此明显，于是，整天焦虑到失眠。

有人说，焦虑总是必然的，毕竟我们的人生不能尽善尽美。不能尽善尽美的情况的确很常见，我们时常会为了得到什么而放弃另外的一些什么。事业型的女强人，家庭很可能不会太圆满；爱情甜蜜的女孩，事业发展得往往不会太好……

人生当然不可能尽善尽美，但这不代表我们不可以向尽善尽美的方向努力。

我有位做大区经理的好友，刚认识她时，她还是北京某大型企业的应届实习生。可就在大部分前辈都浑浑噩噩地过日子时，她已经给自己定下了"30岁成为大区经理"的目标，并制定了很多阶段性目标，以及达成目标的具体方法。终于，26岁的时候，她结婚了。她在29岁时成为大区经理，管理70多名员工。

很多人问她："你怎么这么早就结婚？"

她这样回答："小铭（她先生）对我很好，再过几年我仍然会选择嫁给他。既然如此，我又何必一定要拖到30岁以后呢？"

有人问她："那你选择在事业上升期结婚，对你的工作没影响吗？"

她歪着头一脸疑惑："为什么要有影响呢？结婚后，我就能更加专心地在职场上打拼了呀。"

在我身边，像她一样的女孩还有很多。她们能在职场中出人头地，也能将家庭管理得井井有条。她们不会因为事业而放弃家庭，更不会为爱情放弃自我。

而且，跟大多数人想的都不同，她们在生活的每一方面都有所期待，并不认为自己的人生该有短板，总是在不断努力达成自己理想的生活状态。

尽善尽美的人生太过理想化，但让生活的每一个模块齐头并进，尽可能地接近圆满，是可以努力追求的目标。学会提前规划理想生活，可以让你做到心中有数。

所谓规划人生，就是让未来发生的绝大部分事情，都按照自己预先制定好的"剧本"走。就像我提到的这位好友，她早就决定在26岁时结婚，也早就给自己定下了"30岁前拿下大区经理"的目标。对她来说，这一切圆满生活的实现都是水到渠成的。

在公司，她是上司眼中成熟沉稳、能力出众的人才，也是员工眼中雷厉风行、却有人情味的高管；在家里，她是靠得住的女儿，是令人骄傲的妈妈，也是温柔可爱的妻子。

很多朋友都说，她活成了她们最想成为的样子。但其实，她只是活成了自己最想要的样子。

在学习阶段规划自己的未来；在步入职场时规划工作前景；在生活中对家庭有所安排，对自己的成长有所设定……走对人生的每一步，我们就会获得一个圆满的人生。

是什么让某些人成为"高净值"人士

我在央视做记者的时候，采访过北京一知名房地产女企业家。那时我入行才一个多月，采访的时候有点手足无措，问过第一个问题之后，脑子里就开始在想第二个问题，完全顾不上认真倾听她的回答，更谈不上深入交流了。

她看出了我的紧张，拉起我的手对我说："亲爱的，实在不好意思，我需要到那边拿一份文件，你能陪我过去吗？我们可以边走边聊。"

我当时很紧张，心想：光是坐在这里都忙乱得顾不上思考，边走边聊岂不是更难？但她已率先站起身来，我只好跟在后面。

出了会议室，外面是一片很有浪漫气息的草坪。她向我介绍这些建筑是由哪里的设计师设计的，在哪片草坪上发生过哪些有趣的事。伴着她温和的话语，我的紧张感逐渐消失，加上室外的景色的确很美，整个人很快放松了下来。

她带我来到草坪旁边的休息区，坐下后示意我继续采访。

那时我才明白，原来她并不是有文件要拿，而是专程带我出来走一走，帮我放松下来。我在心里默默感慨，和有修养的人相处，真是一件幸福的事。

后来我们逐渐熟络，她邀请我参加过很多次她的活动，我因此接触了很多高净值人群。我发现他们都很低调，外表看起来简约大方，且很有气质。听他们谈话，总让我忍不住嘴角上扬，感觉一切都那么美好。他们都是事业有成的人，在自己的领域摸爬滚打很多年，有着超强的执行力和判断能力。他们的眼神很温和，但却有着一种力量。他们很聪明，却不会自作聪明；他们懂得很多人生的道理，知世故却不世故。他们像一本精致的书，封面吸引人，内容更精彩。

很多人说，现在是一个看脸的时代，大家都在吹捧高颜值人群。医学美容的广泛使用，美颜相机的普及，还有医美行业的发展，让天生不完美的脸蛋变得有魅力已经越来越容易，想成为高颜值人士，即使不是天生丽质，借助外力也能轻松达到。所以在我看来，比高颜值更有魅力的是拥有"高净值"精神的人士。

在经济学概念里，高净值人群指的是拥有较多净资产的人群。高到什么水平呢，比较常见的说法是指资产净值在100万美元以上。也就是说，除却日常支出，除却房贷、车贷、保险外，你仍然有100万美元以上的资产可以自由支配。在我看来，高净值不仅是辨别财富的一种标准，也是精神状态丰盈的一种呈现，更是掌控生活的一种能力。如果要用一个词形容人的最好状态，非"高净值"莫属，那就是：

高，高阶的认知和格局；

净，纯净的生活和气质；

值，有价值的丰盈人生；

那么，拥有"高净值"精神的高净值人士，他们还有哪些特点呢？

第一，他们通常扎堆在一线城市。

据调查，北京、上海、广东、深圳等一线城市，高净值人群超过10万，尤其在北京，每一万人里就有80名高净值人士，是高净值人群密度最高的城市。

在一线城市工作的人，往往更努力，更容易发现和把握机遇，城市的发展力也能给他们提供更广阔的舞台。法国哲学家爱尔维修有句名言："人是环境的产物。"一个人在一种环境里待久了，会不自觉地被环境同化。所以，如果你是一位有梦想的人，可以考虑来一线城市打拼，在高净值人群密集的地方，你更容易向他们靠近。

第二，他们往往懂得理性投资。

"高净值"人士有稳定的收入和投资理财的头脑。他们的投资理念主要有不动产、存款和保险三种。这三种投资理财方式，也说明他们对风险与收益之间的正比关系有清晰的认知。

关于理财，有一句特别流行的话，叫作"你不理财，财不理你。"而对于工薪阶层的人来说，大家对于理财最大的误区，就是要首先很有钱，然后才可以谈理财。实际上，不是你很有钱才可以理财，而是你开始理财才变得很有钱。即使你现在是每个月拿固定薪资的小白领，依然可以开始理财。或者说，如果你想成为高净值人士，越早学会理财越好。

第三，他们注重时间与效率。

"高净值"人士很注重效率，他们会用最少的时间获取最优配置和最大价值。

我们且不说高净值人士，只说职场上晋升很快的人。为什么一同进入公司的毕业生，三五年后，有人坐上高管之位，有人依然是普普通通的小职员？原因就在于时间和效率。

很多人看起来很努力，甚至每天加班，却一直做着重复性的工作，不断犯错，不断改错，改过再犯错。勤于思考的人不是不会犯错，而是犯错之后会牢牢记住，绝不犯第二次。他们把更多的精力放在如何提升工作效率上，而不是一味苦哈哈地努力。

第四，相比爱他人，他们懂得爱自己。

拥有"高净值"精神的人士，更加爱惜自己的羽毛，他们知道，只有先爱自己，才有余力爱他人。他们善待自己的身体，知道健康是一切美好感受的源泉，按时休息，坚持运动，健康饮食，向自己承诺不做任何损害身体的行为；他们接纳自己的一切，包括过去和现在、身体和灵魂、缺点和优势，积极地向往未来的梦想，也接受那些不堪回首的过往；他们在呵护自我的过程中，找到了和整个世界相处的和谐之道。

从这些特征中以及这么多年的采访经历中，我发现，"高净值"人士无论是在事业方面还是在生活方面都相对理性，能够很好地正视和接纳现实，满足内心自洽；往往对财富有明确的定义，做事会坚持到底，愿意承担更多的责任，甚至愿意付出更多的努力；通常高度自律，而高度自律的又让他们换来了生活的高度自由，最终过上了有价值的人生。普通人群则更喜欢关注自己的劣势，普遍缺少一个引导自己做出长远规划的好教练。

Chapter 2　30 岁前，为你的生命积累一些厚度

无法坚持，是你不懂得"里程碑法则"

人生在世，总要追寻梦想，尤其在年轻的时候，宁可为梦想而奔忙，也不要因为奔忙而遗忘梦想。

梦想是照亮人生的明灯，而规划是人生路上的指南针。但很多人虽靠这指南针看到了未来的方向，却因前路漫漫而过早放弃。

《摔跤吧！爸爸》是一部知名的印度励志电影，演员阿米尔·汗在电影中饰演主角。为了拍摄好身材稍有发福的父亲，阿米尔努力增肥，后期拍摄年轻时的摔跤手，他又开始减肥。鲁豫在采访阿米尔时忍不住感叹："这样的经历真的好难！"

阿米尔却说，如果你想完成一项挑战，只看最终结果的话，的确会觉得很难，甚至认为肯定完成不了。这就像登山一样，如果你一直看着山顶，会认为自己永远爬不上去。这里有一个诀窍，不要看最终的目的地，永远只看脚下的那一步，告诉自己下一步要做什么，集中精力去做就好了。

绝大多数人，在面对相对困难的目标时会产生恐惧心理，失去完成目标的信心。而那些成功达成目标的人，并不是有多聪明，只是他们善于将困难的目标拆解为若干个可实现的小目标，在努力的路上竖立起阶段性里程碑，把一件困难的大事拆解为多件简单的小事。

我自己总结出一套拆解目标的方法，称为"里程碑法则"。"里程碑"一词在百度百科中的解释是"建立在道路旁边刻有数字的固定标志，通常每隔一段路便设立一个，以展示其位置及与特定目的地的距离"。因此，"里程碑法则"可以理解为：在实现终极目标的过程中，每隔一个阶段设立一个合理的小目标，使终极目标实现起来更有可行性。

去年夏季的一天，我们小区的电梯坏了，而我急着下楼，只好从第二十层走楼梯下来。这一路上我只顾往下走，没有留意走过了多少层，走了一段时间后大汗淋漓，T恤湿透了。我以为该到第一层了，可是往下面看，还是感觉看不到尽头。当时真有一种空间错乱的感觉，像是坠入了永远都走不出去的"楼梯迷阵"。我镇定下来，假装自己在第十二层，每走过两段楼梯就在心里减一层，用逐渐减少的楼层数为自己鼓劲。当我心里默念八层的时候，心里充满了希望；默念到第四层的时候，已经感受到来自下方的凉风；默念到第三层的时候，实际上已经到达第一层。

走完二十层的楼梯，我体会到，"里程碑法则"适应于人生大大小小的事情。当我们有一个大的目标时，把它拆解为一个个明确的小目标，实现起来会更加容易。

借事业来说，假设你刚刚大学毕业，做着月薪3000元的工作，你立下一个赚到100万元的宏伟目标，于是给自己算了一笔账：月薪3000元，每年的薪资是36000元，10年能挣到36万元，20年能挣到72万元，30年能挣到108万元。也就是说，30年不吃不喝，你才能实现赚到100万元的目标。算完这笔账，你瞬间失去了希望，整个人都不好了！

但如果借用"里程碑法则"，把100万元的目标拆解开，保守估计你可以提前15年赚到100万元，信不信？

我们以每年工作250天，每天工作8小时来计算，那么一年需要工作2000小时，5年需要工作10 000小时。根据"一万小时定律"，你完全有可能在5年后成为某一领域的专家。也就是说，5年后你的收入翻倍增长是很有可能的。

那么，我们以5年为一个里程碑，设置5年、10年、15年的具体目标。

1~5年，作为普通员工，你的年薪36000元，5年时间共赚18万元；

5~10年，成为优秀员工，年薪达到6万元，5年时间共赚30万元，累计48万元；

10~15年，做到部门主管，年薪10万元，5年时间共赚50万元，累计98万元。

怎么样，之前觉得遥不可及的目标，是不是变得有希望了？而且，这是一个相当保守的假设，如果你的学习能力强，工作态度积极，从普通员工做到优秀员工，甚至只需要一年的时间。我的一位朋友小彤，是健身房的活动策划，她入职第一个月的工资是4000元，因为工作表现优异，每个月都会加薪，半年时间就实现了月入过万。

生活中，如果你想通过健身的方式保持良好的身材，那你可能每天起床喊一句"我要健身"的口号，然而一年过去后，你依然没有行动。

如果借助"里程碑法则"，可以给自己定一些小目标。

	第一周		第二周		第三周		第四周	
	健身次数/次	单次时长/分钟	健身次数/次	单次时长/分钟	健身次数/次	单次时长/分钟	健身次数/次	单次时长/分钟
第一个月	3	20	3	25	4	30	5	30
第二个月	5	30	5	30	5	30	5	30
第三个月	5	60	5	60	5	60	5	60

目标分解清楚之后，每周都能明确该做什么，比单纯一句"我要健身"的口号更有可行性。

在感情方面，假如你想在半年内找到男朋友，你也可以参考"里程碑法则"，确定阶段性的小目标。

首先，你先清楚要找怎样的男朋友。是年龄相当的？还是成熟"大叔"

型的？或者是"小鲜肉"？另外在身高、外貌、性格等方面，最好都有明确的标准。

然后，你可以设置自我提升的小目标，让自己变得更优秀。

在外形方面，每周健身3次。

在精神方面，每天读书1小时。

在提高脱单概率方面，每周参加一次集体活动，最好是单身者聚会。

无论最终能否找到你的Mr. Right，这个方案都能让你更快行动起来。

在运用"里程碑法则"时，我们要分析终极目标的重要因素。假设有A、B、C、D四个因素，为了实现A，我们要实现A1、A2、A3、A4；为了实现B，我们要实现B1、B2、B3、B4……当我们把目标拆解开，分配到生活中的每一天，实现起来就会简单很多。

在我采访成功企业家的时候，他们总结自己的成功之道，最常谈到的一个词就是"坚持"。而"里程碑法则"，就是帮助我们坚持下去的最好方法。

自律的人，把生活活成了自己想要的样子

自律说的其实就是自控力，每当我对前来咨询的粉丝朋友们提到"自控力"时，他们的反应几乎一致："蕾清，你说的太对了，这正是我缺少的。"**所谓的自控力，就是能控制住自己的欲望、情绪和注意力。**

关于欲望，拿购物这件事来说，每当商家有打折促销活动，我们总是更愿意去"血拼"。虽然一再告诫自己不要冲动消费，但一看到琳琅满目的商品，我们就挪不动脚步。每每回到家中，又会忍不住惊呼："我怎么买了这么多东西？"这就是一种欲望自控力差的表现。

记得我还在上大学的时候，有一次逛街，导购小姐姐向我推荐了一件售价699元的吊带裙。我很喜欢那个款式，但对学生时期的我来说，699元的裙子算是"奢侈品"了。但导购一直很热情地推销，我只好实话实说："不好意思，我觉得太贵了。"

导购立刻激动起来，说："贵吗？会花钱的女人才会赚钱呀！你现在不舍得花钱，将来怎么可能赚钱呢？"

我一时被她的逻辑说晕了，莫名感觉有几分道理。

然后她又说："女人穿得廉价是得不到别人尊重的，你的衣服不高级，就说明人也不高级。如果你自己背着爱马仕包包，穿着潮牌衣服，喜欢你的男生给你送礼物都要挑最贵的送呀！你要对自己好，明白吗？"

我当时差点就信了，但如果我买了那条裙子，接下来的半个月生活费就紧张了。虽然很不好意思，但还是默默离开了那家店。

回学校的路上我就一直在想导购的话，女人要会花钱，才会赚钱，说

得对啊！女人要对自己好一点，才能吸引到更优秀的男人，好像也不无道理。她说得天花乱坠，那按她的逻辑，我不仅应该买那条裙子，甚至应该把商场所有能够满足自己欲望的东西全买到手！但欲壑难填，不可餍也，这中间的冲突在哪里呢？

后来我终于想明白，导购小姐姐的话的确没毛病，但她唯独没有告诉我，要先有赚钱的能力，再有花钱的本事。当我们还没有赚钱能力的时候，一味买买买，那就是自控力差的表现。

不仅是欲望，自控力还体现在情绪上。

生活中，每个人都会有情绪。在爱情中，控制不住情绪，很容易造成不必要的伤害；在工作中，情绪不稳定，工作效率一定低下；在生活中，情绪不好，生活质量肯定不高。

控制好情绪，才能控制人生。

宋美龄是我欣赏的女性之一，她不仅在生活中是位优雅的女性，在国际上，她的优雅智慧也是出了名的。

二战时期，英、美、苏、中是同盟国，但丘吉尔看不起中国，宋美龄对他很是不满。

1943年11月，宋美龄陪同蒋介石参加英、美、中三国首脑出席的开罗会议，她和丘吉尔碰面，两人有过一段经典对话。

丘吉尔说："委员长夫人，在您印象里，我是一个很坏的老头子吧？"

宋美龄虽然心中很不喜欢丘吉尔，但她控制住了内心真正的情绪，反问丘吉尔："请问首相，您自己怎么看？"

丘吉尔说："我认为自己不是个坏人。"

她顺势说道："那就好。"

宋美龄的答话，既不违反外交礼仪，也不违背自己内心，还很好地控制住了自己对丘吉尔的不满情绪。

外交和生活是一样的，靠的不是脾气，而是我们的实力。

当我们学会控制自己的情绪时，才能给大脑留出思考的空间。否则，只能被情绪左右，成为情绪的奴隶。

当你心中有了坏情绪不吐不快的时候，先停下来，倒数三秒，让自己冷静下来，可能你就不再想发脾气了；当你发现自己被坏情绪左右的时候，不要任由坏情绪蔓延，做运动或者出去走走，让自己放松下来，摆脱坏情绪。

只要你成功抵抗坏情绪一次，你一定能发现情绪自律的妙处，从而逐渐成为一个情绪自律的人。

最后，自控力还体现在注意力上。注意自控力是一个人成熟度的体现。没有注意自控力，就没有好的习惯；没有好的习惯，就难以掌控生活，最终被生活所掌控。只有把注意力有意识地运用到生活当中，你的整个自控系统才能全面启动。

一个有效提升注意力的办法是学会时间管理。通过设定目标提升专注力，并通过设置规律时段，高效利用时间。你越专注，你需要的时间越少；你时间规划地越好，你越容易专注。两者相辅相成，形成良性循环。

自控力是解决人生问题的有效手段，也是消除人生痛苦的重要方法。它是一种秩序，也是一种对自己的控制。自律的人，能把生活过成自己想要的样子——善于运用自控力来改变生活，甚至创造奇迹。

把 80% 的精力放在 20% 重要的事情上

我想问大家一个问题：在时间很紧迫的情况下，你会优先选择处理重要但不紧急的事情，还是处理紧急但不重要的事情？

我在央视实习的时候，每天都忙到焦头烂额。我的师父看在眼里，便问我，你处理每天的工作时，是先做重要但不紧急的事情，还是先做紧急但不重要的事情？我回答说，当然是先做最紧急的事情。师父摇摇头，告诉我："任何情况下，你都要优先做最重要的事情。"当时的我，对这句话并不理解，直到多年之后我才明白其中的道理，并且也以此指导我的下属。

任何情况下都要做重要的事情，这背后的道理就是著名的"二八定律"。"二八定律"最初是由意大利经济学家帕累托在19世纪末提出来的，它指的是：在任何一组事物中，最重要的只占其中一小部分，约20%，其余80%尽管是大多数，却没那么重要。如果我们总是让80%的次要事件分散我们的全部精力，那我们永远也抽不出时间去处理重要的事情，因此我们很难进步。相反，如果重要的事情得到解决，很多小事也会迎刃而解。

"二八定律"几乎应用于生活中的任何事情。因此，无论是面对整个人生，还是具体到某一件事情，都要把80%的精力放在20%最重要的事情上。

那什么是20%最重要的事情呢？

英国临终关怀工作者Bronnie在网上发表过一篇题为《临终前的遗憾》的文章，提到人在弥留之际的五大憾事，其中之一是"我希望当初有勇气过自己真正想要的生活，而不是过别人期待我过的生活"。其二是"我希望当初没有将大量的精力放在工作上"。

优酷网的热播纪录片《文学的日常》中，作家马原说："和气的家庭，和气的日常生活，是人生最大的美好，超过了一切。我这一辈子少写几本书，都不算什么。"

人生，总有一件或几件事情是至关重要的，其他则可有可无。遗憾的是，很多人直到生命的尽头才明白什么是真正重要的事情，却已经悔之晚矣。如果到最后才发现自己耗了太多时间在不重要的事情上，那该是多么大的遗憾。

也有人在经历过一些事情之后找到了一生中最重要的事情，因此活得更加通透而从容。人生最好的状态，是明白了什么是生命中最重要的事情，然后将大部分精力倾注其中。这需要阅历和智慧，甚至需要多年的时间。但在找寻的过程中，我们可以通过罗列人生目标的方法，先找出相对重要的事情。

巴菲特曾经给弗林特介绍过确定优先次序的"三步走"策略。

第一步，他让弗林特在一张纸上写下他的25个目标。第二步，他让弗林特从中选出前5个。第三步，让他把未选中的20个目标放在"不惜一切代价也要避免"的清单上。

面对25个人生目标，大多数人会选择专注前5个目标，如果有余力，才会在其他20个目标上投入精力。但巴菲特的天才之处就在于，他让弗林特直接放弃那20个目标，把精力放在最重要的5个目标上。他对弗林特说："不管怎样，这些事情都不应该引起你的注意，除非你已经成功地完成了前5个目标。"

巴菲特的策略就是，把80%的精力放在20%最重要的事情上。而这5个目标，正是25个目标中的20%。

这个世界上有很多有趣的事情，我们常常希望什么都做一点，生怕错过了精彩的部分，结果就在这不断的尝试中蹉跎了岁月，忘记了初心。真正优秀的人，他们会先花时间找到真正有意义的事情——哪怕这段时间会长一些，一旦找到，他们就会在这个领域深耕，做到卓越。

受到巴菲特的启发，我每年都会定三到五项年度目标，如果我想做的事情太多，也会果断选出最重要的，毫不犹豫地删掉其他。我今年的年度目标共四项，其中两项与个人能力有关，两项与生活有关。个人能力方面，第一，做好管理工作；第二，精进写作能力。生活方面，第一，多和家人相处；第二，养成健身的习惯。目标一旦确定，再用"里程碑法则"细化小目标，用大部分精力完成它。如果在这一年中出现目标范围之外的事情，那我只好理性地拒绝。

当然，每个人的目标内容不同，数量也不尽相同。你的目标可以是学习攀岩，可以是享受生活；可以有三项目标，也可以有七项目标。你只需保证有足够的精力去完成这些目标，面对与目标不相符的事情，理性拒绝即可。只有这样，你的生活才会更高效，你也更容易获得成就感。

将"二八定律"用在前文谈到的"里程碑法则"中，你会发现一个颇有意思的现象：为了完成A计划，我们会列出A1、A2、A3、A4四项计划，经过思考，发现A3是其中最重要的计划，如果我们投入80%的精力在A3上，将会更高效地完成A计划。

当我用"二八定律"分配每一天的时间时，我还得出了一个有意思的结论：每天花20分钟的时间，就能轻松管理一整天。

如果你已经踏入职场，那你可能发现，每天工作时，一定会被打扰很多次。我看过一份调查，说是有近95%的经理人认为，每天最浪费他们时间的，是不必要的会议、不重要的邮件和琐碎的信息。我目前是做管理工作的，因此也深受其苦。直到我开创出这项神奇的方法，才算摆脱了时间被白白消耗掉的苦恼，将我80%的精力放在20%最重要的事情上。

每天上班前花5分钟时间，规划当日工作重点，把最重要的事情排在第一优先级。午休前花5分钟时间，回复上午该回复的邮件和消息。下班前花10分钟时间，回复下午该回复的邮件和消息，然后总结一整天的工作。

如此一来，用20分钟的时间，让我一整天的精力都更集中。

人生很奇妙，80%的事情不重要，重要的只有20%。把80%的精力放在20%最重要的事情上，合理分配你的时间，你也能做一个高效率的"悠闲人"！

学会反思和复盘，是高速成长的前提

曾经，"一万小时定律"误导了太多人，很多人误以为只要在一个领域做够一万个小时，就能成为专家。这是错的。工作的本质不是重复，而是优化。只有坚持复盘，知道每件事怎么做是对的，怎么做错的，才能在一万个小时的努力后不断提升，成为专家。

我做记者的时候，采访过一位广告行业的女老板——灵姐。她平时工作很忙，所以采访约在了她家附近的咖啡店。我推开咖啡店的门往里看时，一眼就认出了她，而她正目不转睛地看着笔记本屏幕，手指在键盘上快速敲着。我坐下后为打扰到她的工作表示歉意，她合上电脑同，对我笑了笑："没关系，我在写今天的复盘，写得差不多了。"

我顿时感到诧异："您每天都写复盘吗？"她笑着点点头："平时忙，写得潦草，月度复盘会写得认真些，有时候还会发给别人分享呢。"

正是受到灵姐的影响，我也开始反思自己的生活，并定期复盘，后来逐渐养成了反思和复盘的习惯，这个习惯我坚持了近十年。

"复盘"这个词最早来源于棋类术语，是指对弈结束后，将对弈的过程重演并记录下来，以分析双方棋艺的招数和得失关键。复盘被认为是棋类选手增长技艺的有效方法，尤其是和高手对招后，在高手的帮助下复盘，往往能发现自身思考不到的地方，拓宽思路。

现在，复盘已经不仅是棋类选手的术语，而成了大众反思与总结的代名词。越来越多的人开始体会到复盘的好处，并逐渐养成复盘的习惯。通过复盘，回顾一段时间的经历，从中总结出经验与方法，帮助自己更好地成长。

在个人成长中，我们很容易迷失方向。尤其是年轻的时候，还没有明确未来的发展方向时，会在自我探索的基础上进行各种各样的尝试。多尝试是一件好事，但需要规避的雷区就是不要在尝试的过程中忘记初心，在一条岔路上走得过远而偏离了主线。

通过反思和复盘，我们可以重新明确自己的目的，锚定前进的方向，调整前进的速度。当我们通过复盘发现自己的能力得到提升的时候，那份喜悦就是我们前进的动力。

复盘可以分为每日复盘、每周复盘和每月复盘等。最开始，我要求自己每月复盘，但是工作越来越忙，每天都是家和报社"两点一线"，从月初一路忙到月底，最崩溃的是，到了月底再回想这一个月来的收获，却什么都想不起来。

为了不忘掉一个月内发生的重要事情，我开始进行每周复盘，最后逐渐发展为每日复盘。

复盘让我更清晰地看到了自己的一路成长，我度过的每一天都在纸上留下了痕迹，它们像我在前行路上留下的脚印，回过头来看时，我能清楚地记得自己当初是从哪里出发，又走向了何方。

前文谈到要用"里程碑法则"拆解目标，而后用"二八定律"在20%最重要的事情上投入80%的精力。复盘就是用"二八定律"检验我们的目标是否达成，以及我们的精力分配是否合理。

反思和复盘是我们获得成长的前提，要想真正获得成长，一定要在反思中发现问题，并找到解决方案。复盘的时候，要切实地分析自身的问题，实事求是，不能自我欺骗。每个人都有自己的舒适区，但如果每天都呆在舒适区中，即使看起来再忙碌，也很难真正有进步。真正的复盘，就是学会放空自己，用旁观者的角度审视自己，发现问题后，积极解决，进而提升自己。

反思和复盘的时候，可以问自己以下几个问题：

我当初定目标的初心是什么？如今依然在朝着目标努力吗？

我的主要精力是否用在了最重要的事情上？

在这个过程中，我哪些方面做得不错？

我在哪些方面做得不够好？

我在哪些方面有进步？

如果我的目标没有按时完成，原因是什么？

再根据每一个问题的答案，调整后期的规划。对已经掌握的技能，毋需再花费大量时间，要及时为自己提出更高的要求，帮助自己快速成长。

很多人平时也会反思和复盘，但效果不好，原因是复盘仅仅停留在头脑中，而没有落实在笔端。

我第一次尝试复盘，就是在见到灵姐之后。采访结束后我从咖啡厅出来，坐在回家的公交车上，开始回想和灵姐的沟通过程。从此，每到一个月的月末，我就在脑海中为自己做复盘。

做了三个月之后，效果并不明显，而且通常是前一分钟还在整理这一个月的收获，后一分钟就走神想其他事情了。

我忽然想起灵姐在咖啡店时，纤细的手指在键盘上敲击的样子，对呀，我应该把复盘内容写下来。

我发现当我在纸上写下自己的收获时，我的大脑会不自觉地就这个收获展开思考，在写的过程中，会迸发出很多想法，收获更多的收获。

自那以后，我更加爱上了复盘，也是因为有反思和复盘的习惯，我更快地找到了更适合自己的发展方向，从而放弃记者职业，学习工商管理。

把复盘的内容写下来，不仅方便日后翻看，最重要的是，当你写的时候，你会进一步思考，这会加强你的复盘效果。

如果你刚刚开始写复盘，又不知道该写些什么，你可以先从记录生活开始。你的生活中发生了哪些有意思的事情，你的目标完成情况如何，发生了哪件事情让你发现了你的进步，或是发生了什么事让你了解到你的不足。所有的事情都可以记录下来。除此之外，你还可以记录下你的思考。通过这件事你悟出了什么道理，你发现了哪些让自己变得更好的方式等。

我写每日复盘的时候，会用到一个手账本，有一次我把手账内容分享到朋友圈，很多人向我要手账本链接。而大部分人无法坚持反思和复盘，缺的并不是一本手账本呀！

我们缺少的并不是工具，而是动力，是坚持下去的耐心。事实上，写复盘是会上瘾的，尤其是当你发现复盘帮助你高速成长之后。

如果你还没有足够的内驱力去反思和复盘，你也可以借助外力帮助自己坚持下去。比如，把复盘内容发布到朋友圈就是一个很好的办法，因为每个人的内心深处都渴望得到别人的认可，当你的思考引起了他人的共鸣，或者你的思考给到别人帮助的时候，你会更有动力坚持下去。

现在有很多可以写作的软件：石墨文档、有道云笔记、简书、今日头条、微信公众号……把复盘内容发布出去，不仅能提升自我，或许还能收获粉丝呢。

我最开始用手账本写复盘的时候，会拍照片发给朋友看，有的朋友会就我写到的内容进行讨论，这给我带来了很大的快乐。而且，如果不写完复盘，就无法安心睡觉。我会把手账放在枕头上，每天入睡前一定会看它。

反思和复盘并不是一个简单机械的操作，而是一个思考和解决问题的过程。每天解决一个问题，意味着你每天都在成长。

从现在开始，反思、复盘、再反思、再复盘……体验进步的快乐！

当有内涵加持，再不怕患得患失

夏夏是我的邻居，个子很高，皮肤白皙，笑起来有两个可爱的酒窝。上学时期，她是一个标准的"别人家的孩子"——学习非常认真，年年都得奖学金。毕业后，她嫁得不错，因为家庭条件优渥，有了宝宝之后，她就专职在家带娃，放弃了工作。

在我的印象里，她一直光鲜亮丽，但上次见面，却见她一脸愁容。和我聊天，句句都不离老公和孩子。末了，她对我说："蕾清，我有时候觉得我老公对我很好，有时候又觉得我可能会失去他。"

我问她为什么，她摇头，然后挤出一个牵强的微笑，杯中的酒被一饮而光。

可能很多人，尤其是30岁的人都有过这样的状态吧，很容易患得患失。

小时候的我们，总是憧憬长大，长大之后又憧憬上班，上班之后又憧憬结婚，结婚后又憧憬生子，生子后忙忙碌碌、有喜有忧……就这样，一不小心便走到了30岁。然而30岁的我们，突然让自己变得陌生起来，我们做事不再那么大胆，收敛起了曾经的脾气，说话变得吞吞吐吐，待人变得小心翼翼，做事变得瞻前顾后。

是什么让我们变成今天的样了？20岁时，如果我们能在上班前多想想要从事一份怎样的工作，在结婚前多考虑一下要选择一个怎样的伴侣，在为生活忙碌之余考虑为自己培养一个怎样的爱好……那么，当30岁来临的时候，我们的状态会不会不一样？

人生的每一次选择，都会引导我们走向不同的命运，只有认真对待选择的人，才是在认真对待人生。

而30岁前的选择尤其关键，它们构成了我们独特的人生经历，这些经历会成为我们30岁后的生活基础。如果我们在30岁前走对每一步，那30岁之后的日子，就是顺利延续之前的"台本"。所以，为了在30岁后不必品尝这种患得患失的滋味，在30岁前，要多充实自己、多经历一些事情、多收获一些经验。

如果能在20岁的时候开始规划人生，在人生的每个阶段都不断充实自己，当我们随着年龄的增长而逐渐完成了自己的规划、成为一个又美又富的人时，我们还会患得患失吗？

有些人会问：那要如何充实自己，不让自己患得患失呢？

这个问题的答案就是——让自己有内涵加持。内涵需要通过学习来获得，并且是终身制的学习。

在我身边，像夏夏这样的女孩子有很多，她们从小到大都很优秀。可是，上了大学之后，她们的目标就好像完结了一般，每天只是追剧逛街，仿佛想把之前用来学习的时光都找补回来。其实，这是一种典型的"报复性享乐"的心态。在竞争激烈的时代中，想找一份适合自己的工作都不容易，我们又哪有时间耗费在享乐上呢？ 特别是在"铁饭碗"日渐减少的大环境下，想要在一份工作上实现一劳永逸简直不再可能。

如果你希望自己在眼前的这份工作上长久发展下去，努力充电是不二之选。每个人在同一个工作岗位上做久了，都难免会心生厌倦。可是，这一止步不前的停滞期，恰恰是我们需要继续充电的一个信号。尤其是从事网络科技相关工作的人，更需要掌握随时学习新知识的能力，不然很快就会有许多新兴技术成为你事业发展的"拦路虎"。对于不甚满意于目前工作的人来说，充电更加不可或缺，多学习新的知识才能让自己在事业发展中掌握主动权，为自己的发展增添砝码。

在家庭生活中，我们也应当有内涵加持，不断为自己"充电"。

这个"充电"并不是指每天要管好柴米油盐、做好家务，也不是指成为一个完美无缺的家庭成员，而是要让自己保持不断学习的能力，不要与时代和社会脱节。

恋爱时，我们总会尽可以跟对方大谈琴棋书画、阳春白雪，可婚后，我们脑中还有足够的储备能"迎战"对方抛来的诗词歌赋吗？随着孩子慢慢长大，他掌握的知识有多少可以被我们理解，我们又能否听得懂他的表达呢？知识是要不断更新的，跟不上家人前进的脚步，我们就可能难以享受跟他们一起成长的乐趣。

另外，我也建议大家在工作和娱乐之余，多了解一些时尚信息，多关注当前的流行趋势。关注流行趋势并不是鼓励大家一味地追赶潮流，而是根据自己的年龄、身材、性情等特点，找出适合自己风格的穿搭，打造自己的形象，避免早早被时代淘汰。

在新时代里，"两耳不闻窗外事"已经逐渐成为老皇历，而多多"充电"，提升内涵，做一个气质与才学兼备的人，才是保持年轻和活力的秘诀。

30 岁前的时光，是我们一生中最美好的时光。在这段宝贵的时光中，一定不要让自己提前"退休"。要不断学习，保持活力，当你变得充实后，就会发现"患得患失"四个字已经在不知不觉间远离！

想要少走弯路，就要学会提前规划

很多人一生都在忙忙碌碌，但最终却碌碌无为。造成这种结果的原因，大概是在最重要的事情上没有认真想。人如果始终盲目勤奋，却总在最重要的节点上缺少思考，那么看起来再努力，也是白忙。

我身边有两位朋友——小艾和小斯。小艾在"985"大学读书，小斯在一所很一般的大学，两人学的都是生物相关专业。小艾进入大学之后，觉得自己有名牌大学的文凭，不愁找不到好工作，大学期间不是混社团就是追剧，男朋友也换了好几次。

小艾和小斯同一年从大学毕业，小艾如愿以偿找到了工作。但她逐渐发现自己对实验室的工作毫无兴趣，羡慕市场部的同事不需要坐班又不用打卡，看起来很自由，于是转岗做了产品经理。但实际到岗才知道，产品经理不仅需要经常学习专业知识，而且经常出差。小艾受不了出差的辛苦，又在考虑转行。在感情方面，工作几年也谈过几场恋爱，却始终没有遇见那个对的人。

小斯知道自己的文凭没有竞争力，大学期间认真学习专业知识，大二下半年开始实习。虽然边工作边上学非常辛苦，但她因此学到了很多宝贵的经验，还在实习的公司遇见了意气相投的男朋友。小斯实习期间表现优秀，公司直接为她转正，三个月后她就升任部门组长，一年后升任主管。她和男朋友感情稳定后结婚，很快有了宝宝。在主管的位置上做了几个月后，她发现自己更适合做管理类工作，而不是技术岗，便主动报名参加了公司的内部管理层培训班，虽然因为文凭不够高的原因没能通过第一次筛选，但第二年，因为工作表现优异，领导破格批准她进入培训班，完成培训后，顺利升任部门经理。

我每次见到小艾，她都会向我抱怨工作、生活的不顺利，而小斯总是对未来充满期待，她永远知道自己想要什么。在生活中，我相信每个人都希望自己能活成小斯，但很不幸，我看到太多人如小艾一般迷茫着。

其实，小艾和小斯都是乐于尝试的人，这一点很值得鼓励，但为什么两人的职场状态却大相径庭呢？差别就在于，小斯走的每一步几乎都有前期的规划，而小艾更像是一介莽夫，在生活中毫无目地乱闯，因此走了很多弯路。

20岁到30岁的年纪，对每个人来说都是黄金时代。30岁之后，家庭琐事迟早会牵扯我们的精力，所以在30岁之前，最好花心思把生活好好规划一番。

为了让年轻的你更好地度过黄金时代，我以我的个人经历以及一路走来的所见所闻，总结出一套"黄金四阶+"法则，将一生中最重要的十年分为四个阶段，为你的规划提供参考。

第一阶段：自我探索期

人是一种很奇怪的动物，与自己相处的时间最久，却很难了解自己。但二十几岁的你，是时候为此做些功课了。

你可以多读一些名家经典作品，无论是小说还是散文，都一定会谈及人生。对于阅历不深的你来说，这些书能引发你的思考，让你在涉世未深、经验不足的年纪里，尽可能多地思考人生。大多数小说会谈到爱情，经典作品能帮你树立正确的爱情观。除了文学经典，各方面的书都可以读一些，理财、科普、文化、管理……你不需要样样精通，但可以通过阅读找到你的兴趣所在，为以后确定事业发展方向作准备。

多和各种各样的人打交道，给自己接触新鲜事物的机会。如果你正在读大学且不打算考研，那你可以开始找实习工作了。越早开始尝试和探寻，你就能越早发现你的优势，找到你的心之所向。

第二阶段：人生尝试期

当你完成了自我探索，初步找到自己的人生方向后，就可以大胆进入人生尝试期了。此时的你，可能正处在大学毕业的当口，你的人生将真正步入正轨，有一系列的选择正等着你去做。

如果你打算就业，选择从业方向是一个重要的问题。经过探索期的尝试，你已经对自己有了深入的了解，但你的了解是否真正符合实际情况，还需要实践来检验。

如果你打算考研，相信你也找到了一个你认为适合自己的方向。如果你发现你的硕士专业仍然不是你真正感兴趣的，你依然有时间探索和发现真实的自己。

当你走出大学校园，婚姻也成了你必须考虑的问题。我毕业后就结婚了，当时有很多人不理解，他们问我："多享受几年单身时光不好吗？"中国的《婚姻法》规定，男性不早于22周岁结婚，女性不早于20周岁结婚。我早已达到结婚年龄，且遇到了我认定的人，还等什么呢？在我个人看来，结婚和生宝宝一样，如果有这个打算，在条件允许的情况下，一定是越早越好。

第三阶段：人生调整期

经过一段时间的尝试后，如果你找到了适合自己的事业，却没有组成美满的家庭，或你遇到了合适的伴侣，但不满意你们目前的生活方式，那你要趁早对人生中不圆满的地方做出调整，争取让各方面达到你的预期，从而过上圆满的人生。

很多时候，我们习惯了为事业忙碌，容易忽略情感生活，或习惯了为家庭付出，忘记了自己在事业上的野心。适当的时候，我们要停下来，像一个旁观者一样审视自己的生活。已经形成的生活习惯很难改变，但只要我们勇敢地从惯性中抽离出来，重新回归自己的初心，就能找到适合自己的路，找到解决问题的方法。

第四阶段：人生蓄能期

当我们找到适合自己的方向时，我们的任务只完成了一半。这就像我们在千万条道路中选择了其中一条，但这一路上是步行、骑行还是开车，是由蓄能期决定的。

在人生蓄能期中，我们要在各个方面做足准备。

生活中，逐渐培养自己的性情，将来无论面对什么，都要有乐观和勇敢的态度；家庭中，处理好与家庭成员的关系，为家人和自己营造一个温暖的港湾；事业上，保持积极进取的心态，借助自身优势开拓更多可能性，始终朝着更好的方向发展。

无论你是否愿意，30岁之后的人生，都将背负更多的生活压力。在20岁到30岁的十年时间里，可以参考"黄金四阶+"法则做好30岁之前的规划。

"黄金四阶+"法则的"+"指的是爱情和婚姻。因为相较于事业和生活，爱情和婚姻的不可控性更大。但你仍要为此作出准备，因为只有你明确你想要的人是什么样子，当他出现时，你才能一眼认出他。

规划可能会耗费你一定的心力，但实际上，它才是让你少走弯路的捷径。

先干起来，你就超越了99%的人

你有没有过这样的经历，灵机一动有了某个想法，但没有付诸行动，过了一段时间，发现这个点子已经被别人实现了。

我在米兰留学的时候，室友说如果在学校门口开一家买手店，生意肯定不错，没过多久，买手店真的开起来了，然而店长却不是我室友；朋友买了新房子，发现小区楼下的商铺正在出租，她说开一家母婴用品店应该可以赚钱，半年后我去她家，发现楼下真的开了一家母婴用品店，店长却不是我的朋友；一年前我的学妹Ella说她想去报摄影班，但直到现在她也没有行动，反而是我去年报名学习了一段时间。

这些情况，用一句话就可以总结，那就是我们总是想法太多而行动太少。

我在央视做实习记者的时候，接触过很多财经行业的优秀人才，他们大多是业内知名人士或行业佼佼者，有在名校学习的经历。

一个偶然的机会，我采访了一位大型咨询公司的董事长，我叫她森姐。采访后的闲聊中，我向森姐脱口而出："知道您是哥伦比亚大学毕业的，真的好羡慕你！"森姐也是一个爽快人，她立即鼓励我："你也可以申请你认为不错的学校试试啊，现在一点也不晚哦。"

森姐的话让当时的我意识到，很多事情不要仅停留在想的层面上，也不要徒生羡慕，否则永远没有实现的可能。所以后来也就有了我辞职读硕并幸运地被学校选中去欧洲做交换生的经历。

我们总说自己想做什么，但为什么生活始终一成不变呢？原因就在于我们总是想法很多，而行动太少。想要提升学历，如果不开始行动，高校的录取通知单不会自动来到你面前。当你有了想法，无他，做就是了。

有人说，我不确定我喜欢的工作是否真正适合我，因此一直裹足不前。实际上，任何一个人在面对陌生职业的时候，都像看一个盲盒，我们只能看到它的表面，只有真正打开它，才知道里面有什么，只有真正去尝试，才知道这份职业是否真正适合自己。

还有人说，我想做企业家，但我现在只是一个小职员，理想很丰满，但现实很骨感啊，因此泄了气。在人生路上，很多事情都是一步一步来的。假如你认为自己适合做企业家，但当你的才华无法支撑你的梦想时，你要做的，就是从实际出发，找到理想与现实的切入口，开始行动。

我们都没有翅膀，无法一下子就飞向蓝天，但我们能靠行动搭建向上的阶梯，一步一步实现梦想。

我采访过一位教育机构的女老板，她从小喜欢艺术，15 岁之前参加过很多舞蹈比赛，得过不少奖项。她对我说，如果她的一生一直在舞蹈方面走下去，或许也会发展得不错。但她越来越明显地发现，她虽然喜欢跳舞，但与人沟通或分享时产生的喜悦更能带给她成就感。于是她读大学时选择了师范专业，毕业后顺利成为一名教师。她做班主任的第一年，就把综合排名倒数第一的班级提升到了排名第二。

在教师的岗位上，分享知识给她带来了很大的成就感，但她又发现她更擅长与人沟通，因此开始梦想更大的平台，更好地发挥自己的价值。于是她辞职创业做教育机构，一路摸爬滚打后，成为今天颇有成就的企业家。

很多时候，我们对自己的了解是逐步展开的。在探索世界的同时，我们更是在探索自己。在最初的自我探索中，发现了一个兴趣点，当我们开始尝试之后，我们的世界被慢慢打开。我们经历得越多，对自己的了解才越深入；我们的眼界越开阔，路才可能走得越远。

二十几岁的你，由于自身的经验和阅历都有限，你可能很难明确自己究竟适合做什么，因此要学会深入了解自己，甚至可以用调查的方式问问朋友眼中的你如何，从自我出发，多尝试，多经历，多探索。

当你初入职场时，可能只想做好眼下的工作，但当你做了一年左右的时间后，你可能发现你在其他方面也拥有才能。如果是这样的话，请你一定勇敢尝试，而不是一边浮想联翩，一边得过且过。

我常常想，世界会不会是一个错位的星盘，每个人的人生都不是那么尽如人意。但大多数人都选择得过且过，因此星盘始终是错位的。如果所有人都勇敢尝试，每个人都做上自己擅长的工作，那大家的幸福指数会不会提高很多？

有了想法，就开始行动吧，哪怕最终证明你错了，那也是有价值的。因为所有的错误，都会变成你成长的阶梯。如果你还在迷茫，那也别跌停在原地，起来做点什么都行，因为行动就能带来希望。

相信我，先干起来，你就超越了大多数的人。

Chapter 3　学会规划，走对人生每一步

梳理生活5步法，帮你重启有序人生

我看过一部意大利电影，叫《云上的故事》。电影里有一个镜头让我十分难忘：一位富翁雇佣了一群工人帮他搬运东西上山，在崎岖的山路上，工人们缓慢地走着。走了一会儿，这群工人忽然停了下来。富人焦急地催促他们，但他们就是不肯继续走。过了很长一段时间，工人们才重新出发。

到了山顶，富人问他们："为何刚才不走呢？"工人们回答："刚才走得太快了，把灵魂落在后面了。"

"把灵魂落在后面了"这话让我的心为之一振。生活的节奏越来越快，我们的压力也越来越大，每天做的事情似乎就是努力奔跑，身体极度劳累，心灵却不再丰盈。

"别走得太快，等一等灵魂"。不知从何时起，网络上也流行起这样的说法。毕业在即，出国读研还是尽快工作？年近三十，精进事业还是想办法脱单？工作起早贪黑看似稳定却对前途无限绝望？亲爱的，是时候整理你的人生了。在人生的旅途中，我们要拥有时刻停下来审视自己的能力，清晰准确地梳理当下的生活，才能确保自己走在正确的道路上，才能安排好自己接下来的人生。

我生活在北京这座忙碌的城市，有两个可爱的孩子，还有一份全职工作。工作和家庭生活将我的日子填得满满当当，难免会感到疲累。第二个宝宝出生后不久，我的情绪失控得很厉害，逢人喜欢抱怨，喜欢对人诉苦。我总是愿意跟别人说"我好忙""我太累了"，希望用"忙"和"累"来证明自己的价值，来掩饰内心的不安。

这种没有方向的忙碌带来的是对生活的无限焦虑，让我无法找到生命的意义，反复问自己"是不是在过自己想要的生活"。于是，我停下脚步，放下手中几乎所有的事，梳理生活，审视自己。

由于学习过战略管理，我意识到人生的全局规划可以参照企业的战略规划来进行梳理。其实就是把当前的事情想明白，梳理清楚当下所面临的局面，在能力、资源、运气，价值观之间进行平衡和取舍，这套实用的"梳理生活法"按照5个步骤来进行：

第一步：明确自己想要一个怎样的未来。

大多数人是很难认清现实的，并且为了不给自己找不痛快而有意无意地忽略现实，给自己一个不切实际的未来想象。所以，明确自己想要一个怎样的未来，需要一个行之有效的构建过程，需要从想象愿景开始，到具体细化目标，再到分解任务。同时，我们也要清楚，"想要"和"能要"是有本质差别的，我们需要根据现有的情况，在"想要"和"能要"之间找一个平衡点，把这个平衡点当作目标，为之努力。

第二步：认清现状，梳理自身因素与客观条件。

有句话说"我们所受的痛苦源于不清楚自己是谁，却盲目地去攀附、追逐那些不能代表我们的东西"。我们可以从6个问题入手，认清自己：1.自身优势在哪里？2.能力的上限在哪里？3.健康状况的评估。4.处于社会阶层的什么位置？5.有多少可以调用的资源？6.有多少时间可以用来改变？

第三步：全面清理与既定目标无关的人、事、物。

在我们对当下的目标有了清晰的认识之后，就不要让琐事继续消耗我们的时间和精力。我的建议是，从人、事、物三个角度入手。人的角度：审视自己的内心，找到真正需要经营的圈子，减少无效社交；事的角度尽快放下一些与目标不相关的事情，将主要精力放在主要目标上；物的角度具备"断舍离"的概念，让生活回归到简约的本质。

第四步：建立起一套属于自己的行为准则，逐渐形成成熟的三观。

形成自己的三观是一个比较高级的阶段，需要不断领悟才能达到。在这个过程中，我们要明确为人处世的底线，总结判断对错的标准，建立起一套属于自己的行为准则，这样才能在追梦的路上更加坚定，不至于被外界影响而动摇内心。

第五步：将你确定下来的目标放在一个显眼的地方。

经常看到自己的目标更利于我们去实现它。我们可以把目标贴在镜子前，让我们在一天的开始就获得满满的动力；也可以把它贴在床头，每天临睡前回顾一遍。这样不仅能对我们起到提示作用，还能潜移默化地帮助我们养成每天回顾和总结的习惯。

只有通过阶段性、持续性的反复梳理，才能找到真实的自己，进而确定具体可行的目标。我们对自己的状况梳理得越清楚，就越容易做出适合自己的规划，最终达到理想的效果。

事业规划：速度要用在正确的道路上

在公司新员工的培训会上，我经常会分享这样一则故事：云雀、狮子和骆驼。

一天，云雀、狮子和骆驼，打算比一比谁更厉害，于是凑在一起相约挑战沙漠。谁率先成功穿过沙漠，谁就是胜利者。

在进入沙漠前，睿智的沙狐告诉它们，只要一直往北面走，就能穿越沙漠。

云雀个儿小，腿儿短，如果不飞起来，走一个月都比不上狮子走一天的。进入沙漠以后，云雀率先飞到空中，但它发现沙漠实在太大了，而且地形十分复杂。最要命的是，沙漠四周都是一样的景色，让它失去了方向。云雀心想，没关系，我只要再飞高一点儿，肯定就能看到远处有什么，于是它就一直往上飞。但越往上飞，越被晒得头晕目眩，不得不落在沙子上，等傍晚再一探究竟。但晚上的沙漠温度极低，云雀不得不紧缩着双翅，跳着保持体温。于是，云雀第一个放弃了沙漠之旅。

狮子想，我这么强壮，随便选一个方向使劲儿走，总能走出沙漠。于是，狮子不知疲倦地前进了三天，等它一抬头，却发现自己回到了原点。懊悔之余，它决定再搏一次。它告诉自己，只要不走弯路，向正前方直走，就不会绕回起点。结果三天过后，它依然回到了原地。狮子发出了愤怒的吼叫，但不管走多少次，结果都是相同的。不久，狮子因为筋疲力尽，死在了沙漠中。

骆驼的脚步很慢，因为它知道，最重要的是找到正确的方向。它在炎热的白天没有急着赶路，而是找一个沙窝休息，保存体力。夜晚，它很容易就找到了最亮的北斗星。每天晚上，骆驼都沿着北斗星的方向往前走。等北斗星被太阳光遮住时，它便停下来休息。就这样，三个夜晚很快过去了。第四天一早，骆驼突然发现自己已经来到了水草地，它顺利走出了沙漠！

骆驼没有狮子强壮，也不像云雀能自由翱翔，它成功的秘诀，在于找准了前进的方向。狮子前进时不顾方向而只用蛮力，结果注定是白白辛苦。云雀则压根儿不具备找到方向的能力，一味挣扎，当然也无济于事。

我经常将这个故事讲给新员工听，因为我希望大家在努力之前，先选准前进的方向，把速度用在正确的道路上。

虽然狮子和云雀看起来很可笑，但回观我们的事业，我们有没有在某一阶段，做了狮子或云雀呢？我很喜欢网络上流行过的一句很扎心的话，"剑未佩妥，出门已是江湖"。大学期间没有认真考虑过就业问题的人比比皆是，直到毕业真正来临，面对社会上各行各业激烈的竞争，很多人根本没有思考和判断，就一头冲向了战场。还有一些人，一直信奉的就是努力，踏入工作岗位后，一直勤勤恳恳，加班加点，相信天道酬勤，却从未思考过方向的问题。

我们总是把太多的时间花在努力上，就像在沙滩上寻找金矿，耗费了不少心力，挖到的却只是一锹又一锹的沙土。想要在事业上有更好的发展，最重要的不是努力，而是找对方向。**相对而言，努力是简单的，而选择正确的方向是困难的。**

从古语"头悬梁，锥刺股"到今天引起热议的"996"，"努力"一直是正能量的代名词。很多精英人士，他们大多每天早上六点就开始工作；小时候，父母眼中"别人家的孩子"，也都会认真学习到深夜。但认真思考一下这些努力的行为，则不难发现，努力只是时间的累积。可以说，任何人只要肯下功夫，都能成为一个努力的人。所以，在大概率上，努力的人事业也会有一定发展。

然而，比努力更高阶也更困难的是选择。选择靠的不是运气，而是一种能力，它考验的是一个人对行业现状的理解以及对个人探索的深度。一个人在事业上做出适合自己的选择，在正确的道路上努力，显然比毫无选择地开始更有效。

那么，如何培养选择的能力？

1. 扩展自己的眼界和认知

我们之所以能做出某种选择，是因为我们有相关的见识。如果我们未曾入学读书，就不可能选择从事教育工作；如果我们未曾走向远方，就不可能选择在某城驻足与发展。开阔自己的眼界，看得更多之后，思维才会更活跃，选择才会有更多的余地。

2. 深入了解自己，让目标与自己的优势相匹配

很多人对我说，他们感到很迷茫，不知道未来从事何种职业为好。但当我反问他们喜欢或擅长的事情是什么时，得到的回应只是茫然地摇头。

如果我们不了解自己的喜好，不明确自己的所长，又怎能根据自己的特点，找到适合自己的职业呢？

想要在事业上有所发展，首先要深入了解自己，找到自己的喜好与专长。将事业目标与自身优势相匹配，实现起来会更轻松。

3. 找到行业的前辈和贵人

每个人在事业发展中，都希望遇到贵人。事业中的贵人，可能是我们的领导，也可能是我们的同事，甚至可能是我们的客户。虽然可能身份不同，但他一定是一个富有正能量且有眼光的人，能给我们带来全新的信息，改写我们的事业轨迹。

我们不知道什么时候会遇到自己的贵人，也难以预测谁才是真正的贵

人，因此，在事业发展中与人为善、多帮助别人，就是帮助我们自己。

4. 学会决定，学会坚持

随着年龄的增长，我们有越来越多的决定需要自己来做。关于事业的发展方向，更是人生中最重要的决定之一。我们要学会为自己做重要的决定，并将其践行和坚持下去。

如果你依然在选择面前犹豫不决，可以试着听取别人的建议。这并不是说让别人代替我们做选择，而是借助别人的声音，帮助自己更加理性而全面地进行思考。可能别人会讲出我们从未考虑过的层面，我们能因此看到自己思维的局限性，从而做出更合理的选择；也可能别人为我们提供的建议并不正确，但正因为听到了这种声音，才让我们更加坚定了自己内心的想法，坚定自己的选择。

无论是靠自己，还是依靠他人的帮助，一旦做出了决定，即使跪着也要走完。

想要做好事业规划，方向往往比努力更重要。或者说，真正的努力，是善于选择勤于思考。如果一味地靠蛮力前进，未来只能是"水中月""镜中花"，虚无缥缈。所以说，影响事业成功的因素除了努力，还有认知水平、关键时刻的选择、能调用的资源以及运气。

选对方向是事业规划的第一步，迈出第一步后，才算是将速度用在了正确的道路上。之后寻找上升空间，明确上升的途径和手段，按照自己的目标不断充实自己。在制订好自己的职业计划后，在发展中不断矫正自己的目标，保证发展的方向不会跑偏。

花一段时间为自己选定合适的方向，把速度用在正确的道路上，至于我们究竟能走多远，那就拭目以待吧！

情感规划：理解幸福，才能邂逅幸福

有人针对年轻人过节时最常被问到的问题做过统计，其中"有对象了没？"是最高频的话题。年轻人开始吐槽，上学时家长严令禁止谈恋爱，毕业后恨不得立马带回来一位各方面都优秀的男（女）生，马上谈婚论嫁。工作都不包分配很多年了，难道国家会随毕业分配伴侣吗？

在我身边，有很多深受感情困扰的姑娘，她们大多数很优秀，恋爱之路却始终不顺利。很多人说，单身都是有原因的，一定是自身存在问题。但在我看来，更多的原因只是缘分未到。相比那些为了躲避他人异样的眼光而选择盲目结婚的人，我更佩服单身者的勇气。就像电影《大话西游》中紫霞仙子坚信的："我的意中人是个盖世英雄，终有一天他会驾着七彩祥云来娶我。"始终等待着，坚守着。我想，只有这样不将就的态度，才能成就美满的婚姻。理解真正的幸福由何而来，才能邂逅幸福。

米小姐，身高165cm，肤白貌美，毕业于一所知名学府，工作也不错，只是在恋爱、婚姻问题上一直不太如意。终于，她经别人介绍认识了一位听上去条件不错的李先生。

李先生看起来斯斯文文，学历和米小姐相当，又是一家公司的主管，他的家里也早已为他置办了一套不错的别墅。

米小姐对李先生的外在条件动心了，她决定不再苦苦等待心目中的"盖世英雄"，与李先生相处看看。深谙男女关系之道的李先生早就看透了她的想法，总是有意无意地向米小姐展示自己的经济实力。

很快，米小姐和李先生走入了婚姻的殿堂。然而好景不长，婚后三个月，李先生的真面目就暴露无遗。

原来李先生是个好吃懒做的"富二代"，他的工作虽然不错，却是靠父母的帮助获得的。而李先生整天以应酬为由和狐朋狗友们吃喝玩乐，毫无上进心；他还染上了嗜赌的不良习好，有几次差点把他们的婚房抵押出去。

米小姐整日以泪洗面，后悔不已。

很多姑娘在选择结婚对象时只看到了对方好的一面，而看不到他的全貌，最终导致悲剧的发生。人们说"爱情是盲目的"，这话听起来浪漫，可若真盲目下去，无疑是把一生的幸福交给命运。若幸运，则一生幸福，若不幸，必悔之晚矣。

那么，未婚的女孩们该如何擦亮眼睛，挑选到有质量的男友作为交往对象呢？

首先，我们要看对方是否有爱心，是否尊重和孝顺彼此的父母。

一个男人的品质不坏的话，即使你们交往过程中遇到一些问题，他也会始终和你站在一起，守护你们的感情。孝敬父母是做人最基本的原则，这里面包含有太多素质：责任感、耐心、感恩心……孝敬父母的男人（不是愚孝）更踏实稳重，更会照顾家庭，更能给女人带来安全感。爱心是看他对小孩子、小动物的喜爱程度。一个喜欢孩子的男人，将来很有可能是一位好父亲。

其次，我们要看对方是否愿意承担责任。

好的男友，在你们的感情遇到磨难的时候，一定会好好保护你，捍卫你们的爱情。当你们一起步入婚姻后，还会有许多的风雨要经历，愿意承担责任的人会是你一生的臂膀。所谓"有质量的伴侣"，无外乎是个能够给你幸福又让你安心的爱人。

最后，我们要全面观察对方的性格和处事方法。

有情感专家甚至建议女孩们在恋爱之前就充分观察对方，看他的喜好、

习惯、生活作息、身边的朋友、他最在意的特质、他的骄傲和软肋等。只
有对对方全面了解，才能判定对方是否适合自己。

别忘了，你要和他相守的时间是一生，而两个性格爱好差异巨大的人
是难以挨过平淡的每一天的。

伴侣的标准没有高低与优劣之分，重要的是你一定要清楚你想要的爱
情是什么样子。就像这世界上有数不清的花，爱情的模样也有千万种，不
过是各花入各眼。

每个女孩眼中的美好都是不同的，寻找伴侣更不可能有统一的标准。
有人喜欢帅气的"小鲜肉"；有人喜欢成熟稳重的"大叔"；有人向往轰轰
烈烈的爱情；有人喜欢择一城终老、遇一人白首的平淡感情；有人愿意找
一个能与自己一起全力奋斗的伴侣；有人愿意寻得一良人，平淡地度过人
生的每一天。

有时候，我们太过在意别人的看法，忙忙碌碌游走其中，说着千篇一
律的话，做着符合大众期待的事，一不小心，选择了别人满意的伴侣，彻
底失掉了自己。

世界广阔，容得下每一只鸟朝着不同的方向自由翱翔；光阴漫长，足
够每一个渴望自由的人把今天活成最灿烂精彩的模样。不妥协，不代表与
世界宣战，而是要用一个更完美的自己去回报这世界的美好；不放弃，不
代表不理解他人的期待，而是要通过独立的思考，用一个更完美的自己来
面对未来。

人生是一场只有一次的宝贵旅程，恋爱与婚姻关系到一生的幸福，为
了满足他人的期待而违背自己的心意，真的值得吗？大胆去寻找你期待的
那个人吧，若你终将等到他，晚一点又有什么关系？

生活规划：模块化人生管理法，让你按照意愿过生活

人生按照木桶定律来讲，可以将生活分成事业、健康、情感、兴趣爱好等几个模块，再按照自己对幸福生活的理解，自由组合各个模块在你生活中的占比，合理分配你的时间和精力，按照你的意愿，过上你想要的生活。

小恩本科就读于一所普通高校，大三那年她下定决心要考北大的研究生。为了实现这个梦想，她投入了全部精力。研究生毕业后，又选择留在北大继续攻读博士。而后留在北京成为一名大学老师。从备考北大到博士毕业，她一共用去了十年，这十年中，她一心扑在学业上，从未考虑过生活的其他方面。

小恩向我讲述她的故事时，不难看出她有些许的失落。她对我说："在工作之外，我几乎没有朋友，这么多年也没有培养过什么爱好，和父母的关系也一般，三十几岁了还孤身一人。蕾清，你说我这么努力奋斗难道错了吗？为什么我一点都感觉不到幸福？"

从事业方面来讲，拥有高校教师身份的小恩无疑是令大多数人羡慕的。可是除了这个身份外，她对自己生活的其他部分并不满意。我很理解她的心情，对小恩来讲，生活好像总有那么一个缺口，难以圆满。

美国在很早之前做过一项调查，有三分之二的参与者认为，他们没有把时间留给自己，也没有把时间用来陪伴家人。精神病学专家Ed Hallowell说："忙碌成为一种新的流行病。"

但想要过上更好生活的我们，究竟"病"在哪儿了呢？我想，大到事

业、家庭、爱情、身体健康，小到住什么样的房子、在什么地方安家，这些或大或小的事情构成了我们真真切切的生活。而且，调查发现，真正能提高生活幸福指数的，恰恰是生活中的小事。

那么，如何掌握平衡生活的艺术，满足自己对美好生活的预期呢？

1. 保持健康的身体

年轻的我们对未来有很多美好的畅想，实现这些目标的前提是我们要有一个健康的体魄。自律的你，要保持一种健康的生活方式，养成规律的作息习惯，每天有一个好心情，适当运动和健身，这样才能自由享受你想要的人生。

2. 有钱多旅行，没钱多读书

生活富足是我们的追求，精神丰盈也同样重要。在生活中，养成读书和旅行的习惯，让辛苦在奋斗路上的我们可以有短暂的时间小憩一下，让心灵得到滋养。

古语说："读万卷书，行万里路。"很多人纠结，多读书还是多旅行呢？这个问题很好回答，如果资金和时间足够，可以多旅行；如果两者都不允许，那就多读书。

3. 每天都来点仪式感

仪式感其实很简单，可以是一个清晨的微笑、一道营养均衡的早餐、一套得体的衣装、一组睡前瑜伽。仪式感能激发我们对生活的热爱，让生活更饱满丰盈，让我们都变得更美好更有价值。

4. 培养一个能长期保持的爱好

生活中难免遇到各种各样的事情，工作上也处处充满挑战，向上的路总是很艰辛。培养一个自己喜欢并能长期保持的爱好，为自己留出一段独处的时间与空间，相信这份爱好能保持我们对生活的热情，为心灵留出一份美好与天真。

财富规划：穷是因为不懂得如何去忙

近来，人们对90后的收入情况做了相应调查，发现90后在"积累人生第一个十万元"方面，比80后提早实现近3年；在美国，通过创业实现财务自由的人群也越来越年轻化。

种种数据表明，人们越来越有财务规划的意识，也越来越懂得规划财务。

尽管数据看起来很乐观，但大部分人每天关心的问题仍多为今天吃什么，穿什么，去哪儿玩。他们认为自己还年轻，而年轻好像就是该用来挥霍的。

但事实却是，人若到了40岁还不能实现财务自由，有很大的概率就不会再实现财务自由了。为什么这么说？因为人的学习能力会随着年龄的增长而减弱，过了40岁，安逸的心理也会逐渐击溃渴望闯荡的灵魂。

做财富规划，要趁早！

我大三那年，学姐出国前准备卖掉自己的房子，每平方米不到1万元。我当时觉得不是刚需，没必要买，便没关注。后来我无意间和朋友说起了这件事，结果朋友对这套房子很有兴趣，我就帮她联系了学姐，朋友顺利把那套房子买了下来。

我对此有些疑惑——这房子看上去并不算好，周围配套设施也一般，毕竟北京同价位但比它更好的房子比比皆是。

后来朋友对我说："你没发现小区旁边有块建筑工地吗？据了解，有地产公司看中了这块地，已经用很高的溢价拍下来了，后期这块地有建学校和商场的计划。到时候，这小区的房子价格就会今非昔比。"

果然，还没过五年，这片地区就形成了一个非常不错的学区，而那个小区每平方米的均价也涨了2~3倍。

正是从这件事开始，我清醒地意识到，理财投资不要等到有很多资金的时候才开始计划，而是要着眼于当下，尽快提升财富投资的能力和速度。为了让财富之路更有规划，通常有下面几个具体做法：

1. 量入为出，学会理性消费

从前，消费的前提是口袋里要有钱，所以大多数人们能做到理性消费。但现在，信用卡等可以提前预支消费的平台让我们养成了透支消费的习惯，消费方式也更加方便快捷，想要做到量入为出地消费，我们需要比从前更加理性。

"月光族"和"日光族"就是量入不为出的典型人群，在非理性消费者中，目前有更加流行的称谓，叫作"白条青年"和"借呗青年"。他们为了尽快满足自己的消费欲望，通常会通过借贷的方式进行消费。但盲目消费的后果就是被滚雪球般的利息压得喘不过气，翻不了身。

想要进行财富规划，第一步就是量入为出，理性消费。清点你的财务状况，学会科学记账，确保你能攒下理财的第一桶金。

2. 谨慎投资，合理配置资产

随着全球性通货膨胀的不断升温，相信很多人都已经有了进行财务规划的意识。那么，如何选择最能满足其风险收益目标的资产组合，确定实际的资产配置战略呢？第一，我们需要在主要金融产品中（货币市场工具、固定收益证券、股票、不动产和贵金属等）找到与自己契合的那几款；第二，明确它们在资本市场中的期望值，包括利用历史数据和经济分析，考虑投资的预期收益率等；第三，确定有效资产组合的边界，找出在可接受的风险水平下获得最大预期收益的资产组合，进行合理投资。

3. 风险管理，增加投资底气

从投资的角度说，追逐收益的同时会伴随着风险。如果前面说的资产配置是投资中的"攻"，那么我们还需要在投资中做到"守"，也就是在遇到重大问题时，我们要有足够的资金来应对，不会因此导致长期投资计划被迫终止。从生活的角度说，做好风险管理，也不会让生活在未知的风险面前失去保障。

另外，适度购买必要的保险也是财富规划的重要一环，它能帮助我们更好地安排未来生活，提升我们的幸福感与自信心。

Part2

"人生赢家"，
关键就是选好那几条分岔路

规 划 力 ： 走 对 人 生 每 一 步

Chapter 4　人生篇：如何确定人生目标

把握全局看人生，战略才是真知识

在意大利读书的时候，我利用学习之余游历了大半个欧洲。有一次，在奥地利的一个公园里，我看到湖边的空地上有石头被雕刻成了书的样子。

为什么会有这种石雕呢？我问了问附近的人才知道，原来这是犹太人的一个传统，在墓园中放有书本，以便在夜深人静时，地下的亡人能够看书。后来这种传统慢慢演变成了放置石雕，而现在，那些古老的陵墓已经不知去向，但石雕却被保留了下来。

这个有趣的传统让我心生感慨，当时我想，这似乎有另一层象征：生命有终结，求知却无止境。

知识究竟有多重要，我想每个人都明白。国家实施九年义务教育，保证每个人至少会持续读书九年。获取知识的好处，人人都有体会，但也有很多人在感慨：为什么读过很多书，却仍然过不好这一生？

如果时间回到十年前，20岁的我也无法回答这个问题。

20岁时，我认为所有的知识都是重要的，每天如饥似渴地读书、学习，学英语、学专业、学礼仪……我想学的东西实在太多了。

进入社会之后我渐渐发现，知识储备自然是必不可少的，但把太多精力放在广泛摄取知识上，不去深入思考哪些知识是对自己真正有意义的，这是一种莫大的悲哀。而这种情况正是目前很多人面临的困局。为什么会这样呢？我开始审视自己，终于发现了答案，那就是我们缺乏一种真正的知识——把握人生全局的战略眼光。

那么，什么是战略呢？

　　一般人的认知里，战略是重要的事、全局的事、方向性的事，是一种从全局考虑实现目标的规划；战术就是不太重要的事、局部的事、执行层面的事，是实现战略的手段之一。战略是一种长远的规划，是远大的目标。争一时之长短，用的是战术；争一世之雌雄，用的是战略！

　　在我看来，战略指的是未来，是找到宝藏的路径，是动态的指导而不是静态的知识。就好比现在的"知识付费"，如果把每一个知识点都比作一种色彩，各种知识就对应着赤橙黄绿青蓝紫多种颜色，获取了知识，就相当于手上捧着七彩绚烂的沙石，这些沙石看起来很丰富，却无法变成一栋摩天大楼。因为盖楼需要先设计出一个框架，再根据框架选择必要的材料。我们所获取的无数个知识，每一个都有用，合在一起却无法对你未来的发展起到一个明晰的方向性指引和实质性帮助。沙石是盖楼需要的材料，而战略就是这个框架。框架搭成后，建成大楼所需要的材料，可能一种颜色的沙石就够了。

　　在生活中，经过战略指导的人生截然不同。这好比你明天要出发寻找宝藏，战略告诉你一个大致的路径，你在途中再根据实际情况调整执行层面的事。这种能够帮我们指导路径的人，在学校是我们的导师，在事业上就是我们的贵人，生活中可能就是一个专业的生活教练。

　　我们在书本中学到的知识再多，都是过往人的经验，后面的路，需要自己走下去。任何静态的知识，它的价值都是有限的，无限的知识是动态的规划。因为知识是固定不变的，但我们的生活是变化的。我们的规划要时常根据实际情况做出调整，在切合实际的情况下，搭建最符合自己预期的路径。我们这一生，真正需要学懂的知识并不多，战略知识却能帮助我们在做事情时事半功倍。

人生规划往往比努力更重要

平时我会收到一些粉丝的私信，他们对我说"我想努力提升气质""我想努力赚到更多钱""我想让生活变得更好"。大家积极向上的态度让我非常感动，可是，当我问到"你想培养怎样的气质""你希望通过什么方式来赚钱""你喜欢做什么"时，他们却无法给出更清晰的回答。

越来越多的公众号励志文章告诉我们：不成功是因为你不够努力。这些文章会给我们讲某家上市公司总裁的励志故事，或者某创业者全年无休地工作等，然后借此来告诉我们，这个世界的真相是那些比我们更有天赋的人还比我们更努力。既然如此，我们需要加倍地努力，才能获得成功。

这些说法，你真的相信吗？

我采访过一位知名的房地产老板。

彼时，我带着疑惑问他："听说您的老家在××市，您为什么不在××市投资房地产呢？"

这位地产老板笑着对我说："你看近年来房价一直在涨，就以为投资房地产稳赚不赔吗？做房地产行业跟做其他行业是一样的，不能盲目往里投钱，得有一个规划。××市是个小城，年轻人都喜欢往外面跑，留在本市的多是一些老人，没有买房刚需。而且从国家整体布局来看也没有重点发展那里的趋势，我要是在那里买房投资，最后肯定卖不出去。不管房价涨到五万还是十万，房子没有人买，那收益就是零。"

是的，不少有一定经济能力的人都将资产投到了房地产行业，但房地产的市场走势并不是一成不变的，有些家庭甚至因此破产，退回到贫困状态。

这些在房地产方面投资失败的人，他们难道不努力吗？他们每天努力赚钱，甚至把大部分资金放在投资买房上，但造成他们投资失败的原因与努力无关，而是他们没有用心做好趋势研究，没有进行合理的规划。

面对人生，光努力是不够的，还要明白该如何努力。实际上，影响成功最大的因素不仅是努力，而是我们的认知水平、能调用的资源、关键时刻的选择以及我们的运气。努力是成功的因素之一，但不是决定性因素。因此，我们没有必要刻意放大努力的价值，而忽略了规划的重要意义。

如果你想在努力之前做好人生规划，希望这些经验可以帮到你。

首先，为自己的人生作出整体规划和阶段性规划，让清晰的目标成为动力。

唐纳德·舒伯是全球最有影响力的生涯发展研究者，他提出的"人生阶段论"是以成长、探索、确立、维持、衰退为中心的五大发展阶段，每个阶段都对应着具体的规划目标。这个著名的"人生阶段论"系统地分析了规划对人生的重要性，也让我们明白人生不仅要有整体规划，还要有阶段性规划。

整体规划很好理解，对应的是我们的终极目标，而阶段性规划就是人生各个阶段需要制订的目标。

对于高中阶段的学生来说，阶段性目标就是考入一所好的大学，再选择一个适合自己的专业。为了实现这个目标，需要制定一系列的规划，用以提高你的知识水平以及你对专业的了解程度，同时要学会摒弃一些此阶段相对不重要的干扰因素，避免将精力用在不重要的事情上。

对于大学阶段的学生来说，阶段性目标就是毕业后找到一份好工作，或者确定读研的方向。为了实现这个目标，你需要确定你的兴趣所在，了解你擅长什么，从而确定你的方向。如果打算工作，最好提前参加实习工作锻炼自己；如果打算考研，那就认真学习专业知识。

对于职场阶段的人来说，阶段性目标可能各不相同，可以是"一年内精通工作核心技术"，可以是"三年内升为主管"，也可以是"五年内实现年入百万"。总之，要根据自身情况来制订目标，然后达成目标的具体规划。

其次，重新审视自己的阶段性规划，确定规划是否合理。

规划的合理性，一方面在于是否符合当下所处阶段的特点，另一方面就是是否真正能引领你走向你向往的生活。

提到人生规划，我们会很自然地想到类似于"我要成为优秀的记者"等与事业相关的目标，而很少有人说"我的人生目标是拥有幸福的家庭"。这是因为"幸福"是一个难以量化的目标，也是因为我们从小所受的教育让我们认为人生一定要有所建树才算成功。但谁能说幸福的家庭不重要呢？因此，我们在作具体的阶段性规划时，一定要把人生中的每一方面都包含进去，既要规划我们的学习和事业，也要规划我们的情感生活。因为只有全面的人生规划，才是合理的规划。

最后，在践行规划的同时灵活地调整规划。

虽然我们已经为自己规划了人生方向，但人是不断变化的，我们的认知会随着年龄的增长逐渐完善。在具体践行规划的同时，要根据实际情况合理调整规划，确保我们始终走在心之所向的道路上。

在人生的路上，努力很重要，但规划比努力更重要。在努力之前，不妨先问问自己的内心："我究竟想要什么"？先做出合理的规划，再努力也不晚。

榜样力量，想成为谁就先去学谁

亲爱的，你心中的完美者是谁？

凯特·布兰切特？

独立自由，为女权主义奋斗。

奥黛丽·赫本？

美丽优雅，让人意识到气质比长相更重要。

李飞飞？

击碎AI领域天花板，是斯坦福大学计算机科学系最年轻的教授。

每个人心中的完美者都不一样，有演员、商人、科学家、政治家等。但无论她们是谁，都是我们心中理想的化身。既然羡慕她们，那你有没有想过把她们当作人生榜样，向她们学习呢？

2017年，我在米兰读书时，认识了一位独自闯荡意大利的女孩。她比我大三岁，做什么事情都充满力量，因此我很喜欢找她聊天。彼此相熟之后她对我说，她也曾有过一段灰暗岁月。

那是她读高二的时候，说不清是什么原因，忽然对学习提不起兴趣，于是每天逃课，后来发展为休学在家。这样的状态一直持续了两年多，有一天，她无意中在网上看到了一位日本花样滑冰选手在比赛中受伤的视频，看到这位选手在剧烈的疼痛下坚持比赛，明明摇摇欲坠却依然坚定不移的样子，她感觉自己就像是被人用巴掌狠狠打醒了一般，猛然意识到自己的生活是多么颓废。自那以后，视频里的选手就成了她的榜样，她决心重返校园，完成学业，成为一个不向困难低头，为梦想坚持到底的人。

在人生的每一个阶段，我们心中也许会默默羡慕谁。这个人可能是一位当红明星，可能是生活中一位很优秀的朋友，也可能是影视剧中的经典角色。羡慕谁并不能改变我们的人生，行动才可以。就像那位独自闯荡意大利的女孩一样，受到一位陌生人的鼓舞，获得了巨大的力量。

如果你很羡慕某位明星的气质，那就把他当作榜样，从模仿开始，向他学习；如果你想拥有某位作家那般闲适淡然的人生态度，那就把他当作榜样，品读他的作品，思考他的处世哲学；如果你想成为行业内的佼佼者，那就找到目前的业内精英，向他学习。

羡慕谁就去成为谁，榜样的力量是无穷的。为自己寻找到一位人生路上的榜样，努力就会更有力量。

我收到过这样一条粉丝留言，她说："蕾清姐，我叫小罗，是一名大学生。我们宿舍有一位女孩，她长得好看，口才又好，领导力又强，她经常组织我们进行小型聚会，把每个人需要为聚会准备的工作安排得井井有条，因此室友们都听她的。我很羡慕她的才能，实话说，甚至有些嫉妒。每次看到室友们在她的指挥下服从安排的样子，我心里都很不好受。我不想服从她，却又知道自己的能力的确不及她。真的很想摆脱这种嫉妒带来的痛苦，却不知道该怎么办……"

嫉妒对大多数人来说，是一种难以启齿的情感，但实际上，这又是一种非常正常的情感。当你发现自己被嫉妒折磨的时候，这其实是一件好事，这代表你已经找到了自己想要成为的人。想要摆脱嫉妒带来的痛苦，你只需转变心态，把对方当成你的榜样，向他学习——至少，学习你嫉妒他的那个方面。

把身边的人当作榜样比把明星或者行业佼佼者当作榜样要容易得多。一方面，你和榜样间的差距更小，目标更容易实现，另一方面，榜样就在你身边，你更方便向他学习。

向身边的榜样学习，有一套行之有效的方法：面对同一件事，思考一下你会怎么做，把你的做法写在纸上；预测一下你的榜样会怎么做，把你的预测同样写在纸上；观察你的榜样实际上是怎么做的。将三者进行对比，你就能找到你和他之间的差距，你的能力也会因此得到提升。

就拿小罗来说，下次宿舍聚餐时她就可以思考，如果是自己来安排这次聚餐，该如何安排？预测一下她的榜样又会如何安排？实际的安排又是什么样子的？在这三者的对比中找到自己欠缺的部分，这样的练习多进行几次，小罗的组织能力会很快得到提升。而且，当她的能力与她所嫉妒的人一样甚至超越那个人时，嫉妒的情绪就会烟消云散。

榜样于每个人而言都是一种力量，而人生的路上，榜样常常是阶段性的。大学时期的小罗会将她宿舍的女孩作为榜样，但当她的境遇和能力发生改变后，她就会为自己寻找到新的榜样。榜样的更替也意味着我们的成长。

为自己选择一位榜样，并不意味着我们要活得和他（她）一模一样，而是在榜样的引领下，了解自己，成为更好的自己。

制定目标清单，让目标按照顺序实现

哈佛大学曾做过一项调查——目标对人生有什么影响？

这是一项长达25年的跟踪调查，接受调查的人是一群智力、学历、环境等客观条件差不多的年轻人，调查结果是这样的：

有27%的人表示没有目标，25年后，他们几乎都生活在社会最底层，经常处于失业状态。

有60%的人有模糊的目标，25年后，他们有安稳的工作和生活，但没有特别的成就。

有10%的人有清晰但短期的目标，25年后，他们成了医生、律师、工程师等专业人士。

有3%的人有清晰而长远的目标，25年后，他们几乎都实现了财务自由，其中不乏白手创业者、社会精英、行业领袖。

凡事预则立，不预则废。他们之间的差别仅仅在于25年前有人知道自己想要什么，而大多数人随波逐流，被动地生活。

没有目标的人生是拼图，有目标的人生是蓝图。巧妙地使用清单，让你的目标跃然纸上。

了解我的人，都称我为"清单女王"。我超级喜欢使用目标清单，日常生活中，我会按照自己对生活模块的组合，制定清晰的目标清单。这是我大学毕业那年写下的目标清单，分享给你：

个人成长篇：

1.每天读书一小时，提升认知

2.每天坚持写两千字左右的日记

3.每周锻炼3次以上，体重保持在50公斤以内

4.一年看10部电影，坚持写观影感受

5.一年读100本书，坚持写读书笔记

6.学习驾驶，一年之内拿到驾照

7.提升气质和品位，找到适合自己气质和身材的着装风格

8.想清楚自己要以何种姿态度过25周岁

事业财富篇：

1.尽快拿到记者资格证，成为一名正式的财经记者

2.快速补充对采访对象的了解以及对行业知识的掌握

3.以记者的身份和视角，对金融、旅游等行业进行深入探究

4.多接触行业中的佼佼者

5.坚持每天记账

6.将每个月收入的20%用于理财

7.一年内初步掌握投资知识

8.一年之内理财收益达到一万元

9.两年内尝试基金定投理财

10.攒够首付，买下人生第一套小房子

家庭幸福篇：

1.为父母购买合适的商业保险

2.重视与家人相关的每一个节日，要有仪式感

3.每年带父母出游两次，一次国内游，一次国外游

4.每年为父母安排两次体检，一次常规体检，一次防癌筛查体检

5.遇到认定的人，勇敢地牵手

人际社交篇：

1.记得好友生日，送上走心礼物

2.学习朋友们身上的闪光点

3.减少无效社交，圈子不大，干净就好

清单可以帮助我们切实地计划好每一天，并坚定地完成要做的事情；可以帮我们消除与目标无关的噪声，让最重要的事情浮出水面；清单上每一件小事的实现，都能给我们带来成就感。

我到现在依然清晰地记得，那些目标一个个被实现时我有多快乐。有的目标虽然很小，但只要是清晰的，我们就能将其实现。它们反过来带给我满足感与幸福感。

想要获得丰富而精彩的人生，为自己制定一份详细的目标清单是个不错的方法，因为人生选对答案的前提是你清楚地知道自己想要什么。

现在手机软件的使用已经越来越方便了，制定目标清单不仅可以像我当初那样写在小本子上，还可以写在手机软件上。比如，微信小程序中的灯塔打卡、滴答清单App等，都可以帮助我们快速高效地制作清单。

美国哲学家爱默生说："一心向着自己目标前进的人，整个世界都会为他让路！"从现在开始，给自己制定一张目标清单，让全世界为我们的梦想让路吧。

聪明人都在为自己的人生做"减法"

《庄子·逍遥游》中说："鹪鹩巢于深林，不过一枝；偃鼠饮河，不过满腹。"几千年前，哲人先贤已经阐明生活的智慧：过多的物质，对人无益。

"过剩"是当今这个社会的特征。现代社会的节奏也变得越来越快，每个人的记事本上都写满了要做的事情。待办事项一项项被划掉，又有新的内容添加进来，日复一日。"要做的事"像滚雪球一样越积越多，压得我们无法喘息。为什么我们不在"要做"的清单旁，建立一个"不做"的清单列表呢？比如，每周有那么一天不戴手表，不匆匆忙忙，用心去感受时间的流逝；再比如，不使用一次性筷子，随身携带一双自己专属的筷子，为保护环境做一份小小的贡献。在列出目标清单的基础上，列出"不做"的清单，给生活腾出一份空间，慢慢享受自在与从容。

列出"不做"清单，就是给人生做"减法"，是在提高效率的情况下，让必须完成的事情变得精简、精简、再精简。

那么，人生的"减法"具体该怎么做呢？

1. 避免焦虑

互联网时代的信息传递速度太快了，我们能看到的世界也变得更广阔。每天有各种各样的人实现成功：有人25岁实现年薪百万；有人28岁创业成功；有人30岁家庭美满。再看看自己，每天工作时长在增加，收入却没有明显变化；生活方面也是一团糟，距离理想的诗和远方还有十万八千里。

这样对比下来，我们便自然而然产生了焦虑感。

焦虑不能解决任何问题，反而会拖缓我们前进的脚步。我们要沉下心来，找到一条适合自己的成长之路。

所以，给人生做"减法"的第一步就是控制焦虑情绪。负面情绪控制住了，我们才能更好地出发。

2. SWOT分析

SWOT：S代表优势（strengths）、W代表劣势（weaknesses），O 代表机会（opportunities），T代表威胁（threats）。

我的一位粉丝，她曾经的生活状态非常好，每天要完成一定的工作目标、定期要锻炼身体、周末要做兼职、业余时间要参与社交。她的时间分散在这四项重大的目标中，并希望自己每一项都能取得不错的成绩，最后，她每一方面都很低效。

我帮她用SWOT分析法分析自己，对她的目标做了一次"减法"。

S：工作能力强，尤其是与人沟通的能力；W：性格敏感，遇事不够果断；O：受上级领导器重，有升职加薪的希望；T：精力太过分散，无法保证效率。

SWOT分析之后，她的问题及解决方案就很清晰了。造成她每方面做事效率不高的原因是她想做的事情太多，精力达不到。她的工作能力强，并且受到上级领导的重视，因此可以把目前的工作作为目标事业，不做额外的兼职。她的沟通能力强，不需要再花费太多心力去提高社交能力，保持原状即可。至于锻炼身体，可以按照正常需求进行。

给目标做"减法"后，她把精力花在了重要的事情上，从而提高了效率。

3. 坚定落实

无论你的目标被缩减到什么程度，用SMART原则去调整、制定目标都能让你坚定地走下去。

SMART原则：S代表明确性（specific），M代表衡量性（measurable），A代表实现性（attainable），R代表相关性（relevant），T代表时限性（time-bound）。

比如，我想学习理财知识。这个目标不够具体，可以根据SMART原则缩减一下，每天早上8点到10点看30页书，这样的目标明确、可衡量又有时效性，更容易实施，也更容易坚持下去。

什么都想做，必定什么都做不好。重要的事情并不多，通过情绪的调整来避免焦虑的产生。SWOT分析来对自己进行一个全面的精简，用SMART原则来坚定执行自己的目标。这个过程能让你完整地做完一个"减法"并坚持下去，走向成功！

Chapter 5　学业篇：学校教育是一生的基础

起点一样，是学你最喜欢的，还是学社会稀缺的？

小林想学画画，因为画画能让她感到快乐，只要可以让他画画，他什么苦都能吃。可是，父母不想让他学美术，想让他去学当时最"吃香"的会计专业。小林毕业后，成为了一名银行出纳专员，这种没有创造性的工作让他变得越来越不快乐，他每天都在后悔当初的不坚持……

可可想学计算机，她对编程的世界很是着迷。可是，妈妈却希望她当老师。可可觉得，让妈妈开心比学计算机更重要。于是，她报考了师范专业。当了老师后，与孩子们相处很轻松，不过，她的事业一直平平淡淡的……

小邓想学英文，他的英文很棒，高二的时候还拿过全国口语比赛一等奖。可是做建筑工程师的爸爸却说，学英文有啥用，还不如学建筑，起码会一门实实在在的技术。小邓冲爸爸做了个鬼脸："才不要，我就想学英文。"现在，他是国内某著名教育机构的英文老师，年薪20万元。

每一次选择，都会为我们带来不同的结果。

有人说，人生的旅程，开头和结局都是一样的，那我们为何要执着变好或变坏呢？

如果把人生比作一辆列车，当我们买票上车后，蒙上眼睛睡到终点是一种选择，看窗外的风景有感而发是一种选择，去另一个车厢探险是一种选择，与周围人攀谈、下棋、打牌也是一种选择。正是这许多选择，才让人生的旅程如此多彩。

每一次选择，我们都会走向不同的路。为了看到自己最渴望的风景，如何选择是无数人关注的话题。

而选择有很多种，我们不能说哪种是正确的，也不能说哪种是错误的。因为我们没有预见性，谁都不知道未来会变成什么样子。所以，在做选择时，要遵从自己的内心。

规划人生，一定要确定自己最需要的是什么，因为规划人生的目的，就是为了让我们的世界观、人生观和价值观获得满足。

世界观是我们对环境的看法。不同的人有不同的世界观，因为我们的生长环境、社会地位不同，所以思考问题和评价世界的角度也不一样。唯物主义世界观和唯心主义世界观，就是两类最基本的世界观。而且，世界观会影响我们的人生观，人生观又会影响我们的价值观。

人生观是在世界观的基础上，进一步展示我们对人生持何种态度的观点。具体包括对生与死、幸福的标准、荣辱的判断等各类人生问题的态度。只有拥有正确的人生观，我们才能树立正确的价值观。

价值观是我们对各种事物的价值的定义，也是确定我们价值取向的标准。拥有成熟完善的价值观，我们才能更加理性地规划人生。

在人生的不同时期，在遇到不同类型的人后，我们的三观会随之发生变化。未成年人的三观还不成熟，所以他们要参考家长、老师的意见，再进行人生规划。

跟同龄人相比，我很早就知道自己的梦想是什么，也很早就对人生做出了具体规划。

按照规划，我来到北京实习，本科毕业后结婚，两年后生下儿子，然后开始读全职研究生，并且到欧洲做交换生，硕士时期生下女儿，毕业后顺利升职。

我不能说我的三观和计划是最正确的，但却是我最想要的，而且我已经完成了这些规划，现在感到十分幸福。

对于一些还未选择专业的同学们，我总结了自己的经验，给出以下几点建议：

1. 参照你的性格

有些人天生内向不爱说话，如果让他们做老师、做主持人，恐怕站在舞台上就会腿软，又怎么能好好地表现自己呢？有些人不爱跟人打交道，他们即便做了销售员，业绩也不会好到哪儿去。有些人事业心强，喜欢工作，如果让他们重复着朝九晚五的工作，他们会觉得倍感折磨、人生无望。

所以，大家一定要根据自己的性格特点，谨慎选择未来的专业。如果只是因为"听话""赚钱多"等原因，那在这一行不但很难做出业绩，而且违背了自己的初心。

2. 参照你的能力

有些人对数字敏感，逻辑性强，能够在安静的环境中完成大量复杂的计算类工作，因此可以尝试做会计、计算机编程等工作。但如果让这类人做业务推销、广告宣传等工作，则可能不太适合。

所以，选择专业时也要参考自己的能力。先剔除与自身能力不匹配的专业，再从留下的专业中参考性格、兴趣等做出近一步的选择。

3. 参照你的兴趣

校招季，不少应届生都会面临这样的问题：是选择一个我擅长的，还是选择一个我喜欢的？

在听到有人把兴趣当专业，从而赚了大钱的故事后，不少人都凭着一时的热情，将自己"半桶水"的兴趣当成了择业方向。可是，他们却不知道，以兴趣为工作的人，只有少数被报道出来的人成功了，更多的人都只能沦为陪衬。

这个问题对选专业的人来说也是一样。因此，我的建议是，选择你擅长的。

　　我的朋友小高有极高的弹钢琴天分，但他却不喜欢钢琴，而选择了美术。在钢琴领域，他能轻而易举地获得别人努力也很难获得的荣誉，可在美术领域，即便付出十倍努力，也很难在众多佼佼者中开辟出一条通路。

　　未来变化莫测，尤其是在这个快节奏的时代。也许，今天社会稀缺的专业，明天就会供过于求。也许，你喜欢的专业，未来并不能让你养活自己。

　　所以，在选择专业时，还是要按照以上几点进行选择，要对自己有一个正确的认知，知道自己擅长什么，不擅长什么。擅长的可以当作专业，不擅长的可以当作雅好，顾此及彼，却又不会顾此失彼。找到自己真正看重的点，有效解决如何选择的问题。

"二专"，究竟该延伸知识还是拓展兴趣？

开学季如期而至，大一新生们陆陆续续地前往大学报到。

几个新生凑在一起向前辈取经："我们是被调剂到法律本科专业的，请问大二能转专业吗？"

"法本是个很好的专业啊，你们想转到哪个专业？"前辈有些纳闷。

一位新生想了想，说："听说咱们大学最好的专业是英语，所以我想转到英本，但就像你说的，法本也挺不错的，真纠结。"

另一位新生说道："听说咱们学校有'二专'，要不，咱们'二专'报英语吧？"

"'二专'啊，"前辈皱着眉头说道，"希望你们能想得周全些，再作决定。"

随着竞争越来越激烈，不少同学都动了报"二专"的念头。

"二专"就是第二专业，一些大学会在本专业外，允许学生申请选修第二个专业。在完成规定学业后，可以拿到相关的学位证书。

"二专"其实跟第一专业一样，不会因为是第二专业而减少修分的课程。而且，如果想拿到第二专业的证书，就要撰写毕业论文。不同的大学，对第二专业就读条件的规定也是不一样的。比如，有些大学会设置门槛，让学生只能选择本学院的专业作为第二专业，而有些大学则允许学生在本学校的各个学院中，选择自己想就读的第二专业。

对于第二专业的选择，一些同学抱着犹疑态度，因为凡事都有两面性。

报第二专业的好处是，能充分利用课余时间提升自己，同时拓展知识面，让自己的能力获得进一步提升，这样在找工作时更有优势。而且，报第二专业还能认识更多同学、朋友，这对我们来说也是一件好事。

报第二专业的问题是，由于近年申请第二专业的学生较多，一般大学都会在周六日或晚上开班，考试也是单独安排的。但是，由于一些专业较为冷门，学校是不会统一开班的，只能靠学生自己协调。"二专"要求精力很充沛，报第二专业的学生在大学期间会过得很累。有时候，学生还会顾此失彼，在分心学第二专业时，耽误了第一专业的学业。此外，修"二专"的同学，课余时间会比其他同学少很多，这也会让大家感到苦恼。

以上是修"二专"的好处及问题。当我们考虑清楚，并确定要修第二专业时，我们还要考虑这样一个问题——"二专"是选能延伸知识面的，还是选自己感兴趣的？

对于这个问题，我们要进行以下两方面的考量：

1.你的第一专业是否足够优秀。

2.你的第二专业是否是你迫切渴望，但却没有机会学习的。

有些师范大学的同学第一专业是汉语言文学，他们听说数学人才稀缺，所以想选择数学作为第二专业。此时的情况是，数学在就业方面对第一专业没有起到辅助作用，因为大家都知道，教师上的课程是单一课程。那么，如果本人对数学不是特别感兴趣，那就不要选择数学。

有些理工大学的同学第一专业是材料学，他们想报考艺术学院的设计专业，因为当初是为了就业选择了工科，艺术是他们渴望学习却没有机会学习的专业。这时，他们在保证第一专业能够顺利开展的同时，就可以修第二专业。

上文我已经谈到，当今时代是个竞争愈发激烈的时代。在就业时，你的简历越丰富，就越有可能抓住好工作，第二专业就是个丰富简历的好选择。

就我个人来说，我推荐选择能够延伸知识的专业。因为我们大部分人读大学，都是为了增加自己的核心竞争力，这样才能在就业时有更多的选择。

具体应该怎样选择呢？总的来说，选择第二专业的原则就是"1+1＞2"。

教育是有利于个人道路发展的，所以，为了发展教育的作用最大化，我们在选择第二专业时，应该为第一专业做补充。

举个例子，如果我们的第一专业是法律，那我们的第二专业可以选择经济学。法律跟经济学有相辅相成的作用，这就是典型的"1+1＞2"的选择。再比如，如果我们的第一专业是机械、制造等专业，我们可以选择市场营销或管理等专业，这样更有可能被格力、海尔等大型企业录取。

有些同学为了自己的兴趣爱好，选择了与第一专业毫不相干甚至完全相悖的专业，这虽然会在某种程度上提升愉悦感，但却让第二专业变成了"1+1仍然等于1"的负担，也会冲淡他们专业学位的优势。

了解第二专业后，一些同学可能认为并没有能与自己的第一专业相辅相成的第二专业。这时，我们可以选择一些通用的专业做第二专业备选项。

英语专业是涵盖面很广的专业，随着全球化进程加深，越来越多的企业对应聘人员的英文水平提出了要求，尤其是一些跨国企业和外企，对英文的要求就更高了。选择英语专业可以匹配绝大部分专业，当同学们实在无法选择时，可以将英语作为第二专业备选项。

除了英语专业，心理学专业也是最热门的"二专"备选项之一。无论是师范类专业还是法律专业、管理专业，心理学都可以很好地与之匹配。

如今，国内对复合型人才的需求正在增加，企业也更青睐复合型毕业生。因此，第二专业作为就业的"双保险"，我们一定要好好搭配，这样才能让第二专业发挥出更大的作用。

是否考研，如何做决定

"蕾清姐，我周围的同学都在准备考研，现在拥有硕士学历的人也越来越多，我是不是也应该考研？"这是经常找我咨询问题的一个女孩给我的留言。

我告诉她："现在硕士占全国人数的比例不到0.5%，只是你周围的硕士生比较多。"

"那我应该考吗？"她继续问我。

"如果有条件，你可以考。因为你读了硕士后，可以接触到更广的圈子，也能提升自己的能力，让求职路更宽。但如果你只是因为看到别人考研而想考研，那你应该再想一想。"

考研，这几乎是每位毕业生都考虑过的问题。

如果早就有考研的打算，那不如尽早选好专业，提前着手准备。如果还不知道自己该不该考研，那这个问题也最好在毕业前一年定下来。

为什么说毕业前一年要决定考研与否呢？因为考研也是规划人生方向的重要转折点之一。

最近，有很多学妹向我咨询考研经验。其实，考研的确是有方法的，如果只是死记硬背，那时间和精力就消耗得太多了。

关于读书要读多久的问题，其实要看个人的基础和能力。比如，英语功底好的考生，就能省下1~2个月的时间，来专攻自己的薄弱方面。

我考研的时候，身边有一位优等生，只看了3个月的书，就成功考取了本专业的985院校。还有一位平时成绩很好也很聪明的女孩，读了9个月的书却没有考入心仪的大学，而被调剂到了云南的一所院校。

为此，我总结了自己和其他硕士们的经验，对考研要读多久书的问题做一个具体的解答。

一般来讲，考研的读书时间为4~6个月，在此期间，每天要至少保证8小时的学习时间。如果是跨专业考研，或基础较为薄弱的同学，则需要6~9个月时间，且保证每日8~11个小时的学习时间。

有人会问："时间这么短够用吗？我有一些朋友考了好几年都考不上。"

我要告诉大家：足够。这个学习时间，足以让一名普通二本学校的学生，考上211或985院校。

那么，我们应该如何安排这几个月的读书时间呢？具体要从两方面分配：学科分配、强弱分配。

所谓学科分配，是让同学们有这样一个认知：英语、政治、数学的确重要，但分值却远在专业课之下。因此，我们不要将太多时间浪费在公共课上，毕竟就算你考了满分，每科也只能拿到100分。

所谓强弱分配，是让我们将重点放在需要的地方。

这里有两个原则：

第一，不要将精力浪费在基础十分薄弱的课程上。我有个朋友，本科是读英文的，他们专业从一开始就没有数学这门课。到他考研究生时，跨专业选择了计算机。除了专业课，他还花费了大量精力在数学上，最后数学超常发挥考了70分，但原本拿手的英语和政治却挣扎在最低分数线边缘，专业课分数也是一塌糊涂。

第二，不要将精力浪费在十分拿手的课程上。有些同学英语基础从小就好，做考研模拟题时，几乎每次都能拿到90分。这时候，我们再精益求精就没有意义了，就算拿到100分，也只是提高了10分，倒不如把精力用在那些努点力就能提高不少分数的课程上。

除了这两个原则，针对英语这门公共课，我还有几点建议：

1. 越早准备越好。

如果想考研，我们不要等到大四再作准备，要在大二、大三时就有意识地增加自己的单词储备量。接触得越早，复习的次数越多，我们的英文掌握得就越扎实。

2. 留心大纲单词。

与其他英文考试不同，研究生考试的英文考卷，阅读部分占了相当大的比重。所以，背单词要比钻研语法更快捷。只要知道每个单词的意思，我们就可以推断出文章想表达的意思。下面，我想说一点考研单词大纲与大学四六级单词大纲的异同。

相同点：大学四六级单词与考研单词的词汇量是差不多的，只要掌握6000个词汇左右就够了。

不同点：大学四六级单词要求考生大致了解词意思即可，考研单词则要求考生了解深层次的意思。比如"diplomat"一词，在四六级词汇中是"外交官"的意思，但在考研英语中，"diplomat"除了指"外交官"外，还指"圆滑的人"。

3. 系统复习语法知识。

虽说语法知识在考研英文中并不重要，但基础的语法功底还是要打牢的。考研英语的阅读大都使用长句子，考生需要仔细琢磨才能明白其中深意。

通常情况下，英语只需1个月的系统复习，然后就是每天抽查单词意思和做真题。做真题时，我建议从最早的真题做起，每天一篇，按照考试的时间来做，这样能帮助我们在考试时更好地进入状态。

关于具体的考研读书时间，大家一定要根据自己的基础，以及目标院校的难易程度决定。虽然不少人都想考本校或更容易被录取的院校，但我建议多付出一点时间和精力，去考更好的院校。虽然大家都是硕士，但我们在名校里，机遇和眼界都会得到更好的提升。

有些朋友可能听人说，"我考研就准备了两个月，公共课裸考就过了。"当然，这样的人确实存在，但对于几十万考研学子来说，基础这么好的同学也是凤毛麟角。我们不能按照他们的水平来要求自己，一定要正视自己的能力后再做决定。

下面我给大家讲一下基础在平均水平线上下的考生具体应该如何准备考研（以2020年研究生考试为例）。

准备阶段：

2019年9~12月，确认自己的目标专业和目标学校，筛选并搜集相关考研信息。

基础阶段：

2020年1~2月，跨专业的同学需提前接触专业课材料，并制订相关复习计划；

2020年2~4月进行基础学习，公共课与专业课要同时进行；

2020年4~6月进行第一轮复习，专业课为主，公共课为辅，但不能把公共课落下。

提高阶段：

2020年6~9月进行第二轮复习，期间要练习考研真题，同时关注考研大纲。这一阶段仍然是专业课为主，公共课为辅。

强化阶段：

2020年9~10月预报名，明确考研招生简章，进行预报名与正式报名。进行第三轮强化复习，公共课与专业课同时进行。

冲刺阶段:

2020年11~12月第四轮冲刺复习, 公共课与专业课同时进行, 进行现场确认。

临考阶段:

2020年12月底打印准考证, 参加考研初试。

复试备考阶段:

2021年1~2月查询初试成绩, 准备复试考试及面试。

复试阶段:

2021年3~4月进行复试。

调剂阶段:

2021年4~5月调剂。

录取阶段:

2021年6~7月收到录取通知书。

虽说这是正常情况下的考研准备时间, 但实际上, 准备从何时开始都不算早。

有规划性的同学, 在大一时就已经接触专业课, 并打好英语、数学和政治基础了。大二、大三的时候, 我们可以在学习和娱乐之余, 有意识地弥补自己的薄弱项。如此一来, 到备考阶段我们也能更加游刃有余。

总之, 考研是我们的重要选择之一, 希望大家能在深思熟虑后, 做出一个让自己不会后悔的选择。

规划留学应该是不需要纠结的事情

关于"到底要不要去留学"的问题，对很多面临留学机会的同学来说，都是一件纠结的事情。环境、家境、就业……这些因素都让他们进行着激烈的思想斗争。

随着时代的发展，我们的社会到处都充满了竞争，这样的竞争让不少学生也背上了压力与不安。在面对留学问题时，很多人都在纠结。

国外读书环境真的比国内好吗？留学花销那么大，出去一趟值得吗？去国外"镀金"，回来找工作会更有优势吗？这些问题都是大家焦虑的重点。

当我去米兰留学时，我的好友正在澳大利亚留学。

澳大利亚的环境宜人，也有全球公认的先进创新的教育和培训体系。同时，澳大利亚本土的国际名校有很多，我这位好友也是慕名前去。

她曾笑着对我说："根据现在的国内发展趋势，'洋'博士总比'土'博士发展好嘛！"

这并不是说国内企业崇洋媚外，而是到其他国家学习过的人，眼界和资源会较国内博士稍高一些。但是，昂贵的学费和生活费，却让一些家境普通的孩子望而却步。

当时，同校的一位学妹问我："我现在研一，也想去留学，但是家庭条件一般。如果我去留学，家里就得省吃俭用，这让我很纠结。"

我对她说："如果你留学是为了玩，那我劝你不要去。如果你是去学习，那留学就相当于投资，也是你能跻身大企业的一条捷径。"

她想了想，然后坚定地告诉我，她要去。

其实当今时代，出国留学这件事并不需要太纠结。不管是未来因素还是经济因素，都不必成为大家的纠结点。事实上，很多让你觉得苦恼不堪的事，当你踏出那一步时，就会发现当时的纠结都是多余的。

接下来，我就给大家分析一下关于"要不要留学"在未来因素方面的3个问题：

1. 想出国留学，又怕国外的教育质量不高。

一些同学会有这样的误解——国外的教育水平与质量不如国内高。其实，这是个很大的误解，因为每个国家的教育体系都是有差别的。

比如一些欧洲国家，我们经常听说这些国家的教育不行，比不上美国、澳大利亚等国家，但是，在QS公司发布的世界大学排名榜上，欧洲国家有超过300所高校上榜，尤其是法国的里昂高等商学院的金融专业、管理专业，其世界排名分别为第9名与第12名。所以说，每个国家的高校都有自己擅长的教育领域，这个问题不用担心。

2. 论开拓眼界，留学还不如出国旅游？

这个观点是不正确的。出国旅游，最长停留期也就是一个月。所以，出国旅游普遍是走马观花式的，若想深入了解当地情况，体验更深层次的文化，还是要靠留学这种方式。

在留学期间，老师的教授与同学们的交流都能让我们获得平时接触不到的知识，何况，留学原本就是一场更高级的旅行。

3. 在留学时，会不会失去国内的人脉、友情或爱情？

有些朋友觉得，自己一旦留学，就会失去国内的亲朋好友甚至是恋人。但其实，随着社交软件的日趋先进，留学并不意味着与国内断了联系。何况，便利的交通条件也能让大家随时见面。

以上是未来因素方面的问题。那么，经济方面的问题如何解决呢？

首先，我们可以通过GPA——也就是平均学分绩点——来争取国外大学的奖学金。很多同学到了大四才后悔，当初没有重视GPA的重要性。我读本科的时候，一位学妹连续4年都是一等奖学金的获得者，她在接到澳大利亚某大学的offer时，申请到了学校的奖学金，解决了很大一部分问题。否则，她家里的经济状况根本无法支撑她留学。

其次，我们可以提前完成学业。

国外大部分大学的学制都是比较自由的，这一点跟国内不太一样。在国外，我们可以每学期多修一些课程，这样能尽快修满学分，提前毕业回国。

最后，我们可以在课余时间勤工俭学。

除了几个特殊国家不允许留学生打工，大部分国家的留学生都可以勤工俭学。当然，在打工的同时，我们要注意不能违反校规，更不能因此耽误学业，否则就得不偿失了。

我们不必为留学纠结，但还是要弄清楚自己留学的初衷是什么，要弄清自己要读的专业对自己的未来有什么帮助，要搞清自己的目标是什么。如果只是为了得到一个"海归"身份，而让家庭承受经济压力，那最好还是不要选择留学。

毕竟，生活不会因为你出国而改变，只会因为你的选择和努力而改变。

走出校门前，怎样去判断一个领域的"前途"

股神巴菲特曾说："我是吉列的大股东，而全世界的男人即便在睡觉的时候，胡子也会继续生长，一想到这儿，我就睡得很安心。"

毕业季一到，不少人在走出校门前都遇上了头号难题：应该选择一个怎样的行业，才能匹配得上自己的才华与未来呢？

前文我已经提到，在做计划时要切合实际，结合自身能力。应届生找工作也是如此，要结合自身实际情况来选择合适的领域。认清自身我已经讲过了，下面讲一讲如何认清一个领域的未来发展前景。

1. 看该领域是否为刚需

就像巴菲特老爷子说的，男人都需要剃胡子，从某种程度上讲，这就是刚需。俗话说，再穷不能穷教育，再苦不能苦孩子。所以，教育行业就是国家的刚需行业。同理，医疗领域、法律领域等都是刚需领域。这些领域的就业前景不能说一片大好，但至少不太可能突然变坏。

2. 看该领域的市场规模大小

决定一个领域发展前景的核心因素就是市场规模。如果市场规模大，那这个领域自然有广阔的发展空间，其相关配套产业也会有所需求；反之，如果市场规模较小，那么相关行业的资源整合力就比较弱。而且，市场规模大的领域竞争也比较激烈，但发展前景却更好。

3. 看该领域的产业规模大小

考察某个领域的发展前景还有一个重要因素，就是产业规模。产业规模大，就意味着该领域的生态环境较为健全，这对于突破壁垒是非常重要的。就拿芯片制造来说，如果这一产业的相关配套设施比较健全，那么，芯片制造起来也是比较容易的；如果这一产业的相关配套设施并不健全，那就会阻碍芯片的生产。

4. 看该领域的人才规模大小

考察一个领域的未来发展前景，还要看该领域的人才规模。比如十年前，国家还没有对动画领域进行扶持，那时渴望走动画领域的人才大多流往日本，就业也选择在异国他乡。现如今，动画行业受到国家扶持，这一领域在未来也是颇有发展前景的。

5. 看该领域的技术创新能力

如果一个行业目前的市场规模、产业规模和人才规模都比较小，但是技术创新能力却非常强，那么这个行业未来的发展前景也是非常值得期待的。就拿互联网来说，三十多年前，互联网刚刚来到中国，它的行业规模是非常小的。但是随着互联网行业拥有强大的技术创新能力，所以这几年开始了飞速发展。

所以，如果大家还在苦恼选择什么行业领域，那我告诉大家一个诀窍，那就是科技决定领域的未来。

在15~20年前，当我们谈论最有发展前途的领域时，排在第一位的一定是金融领域。当时，金融领域是配置资源的领域，谁手里资源多，谁就能在各行业中迅速腾飞。但从2008年国际金融危机开始，这一行业开始走下坡路了。

我身边有些朋友告诉我，他们仿佛进入假的金融业。因为金融行业的科技含量并没有那么大。对于90后来说，他们几乎是生长在互联网世界中的第一批人，也是对"科技改变世界"这一命题感受最深的一代人。

在美国，硅谷取代了华尔街的地位。在中国，年轻人都从全国各地涌入北上广的互联网行业。而曾经的金融业，现在的重要职能就是给科技行业不断输送资金，以求稳定本行业。

不管是阿里巴巴、腾讯、小米、滴滴还是京东，这些企业都在不断向科技靠拢。正因为如此，它们才能成为国内企业的佼佼者。

还记得《武林外传》刚播完时，有人问了我这样一个问题：

"捕快里，到底是燕小六戏份多，还是老邢戏份多？"

"燕小六的七舅姥爷戏份最多。"我开玩笑道。

大家都笑了，确实，虽然这位七舅姥爷只露过一次面，但每次燕小六拔刀时都要喊一句"七舅姥爷"。这种高频度的洗脑，成就了七舅姥爷的戏份。世界杯上的广告也是如此。在看球的时候，无数观众都会有意识或无意识地被轰炸式广告洗脑，有时候，一句简简单单的广告语，比拍摄一个精美的广告长片更让人印象深刻。

为什么要举这个例子呢？因为要选择领域的小伙伴也是如此。当我们不知道选择什么行业时，可以选择打广告较多的行业。因为打广告越多的领域，也是未来发展较好的领域。

一个公司打广告打得多，可能是大公司，也可能是圈钱的空壳公司。但一个领域打广告打得多，要么顺应了市场发展趋势，要么有国家的大力扶持。

就拿保险行业举例，保险行业业务员的入行门槛低，但管理层的门槛却不低。一线城市的保险公司管理层招聘要求：要么在保险公司同一岗位有5年以上工作经验，要么是金融硕士或保险硕士，抑或两者兼而有之。

为什么保险行业一下子腾飞了呢？因为国家鼓励老百姓购买商业保险。受到国家扶持，保险行业也就如雨后春笋般蓬勃发展了。

对于每个人来说，选择一个好的发展领域，是一件非常重要的事情。所以，在我们走出校门前，一定要对未来从业的工作领域进行一下比较分析，这样我们未来的发展才能更加顺利。

Chapter 6　事业篇：事业相当于第二次投胎

如何找到适合自己的工作?

你对现在的工作满意吗？或者说你觉得现在的工作适合自己吗？大学毕业后面临的第一个问题就是找工作，更确切地说，从进入大学开始，就该为你的第一份工作作规划了。提到找工作，很多人会说："选择你热爱的。"但"热爱"这个词，可能很多人并不清楚。

关于找到你所热爱的，你可能会遇到以下三个问题：

1.你不知道你热爱什么；

2.你不确定你喜欢的是不是你真正热爱的；

3.你确定了你的热爱，但它的发展很有限。

对任何人来说，找到自己真正热爱的工作都不是一件容易的事情。如果你正困惑于不知道自己热爱什么，这很正常。但问题在于，一个人没有具体的目标，就没有具体的方向。这也是为什么很多人做着自己并不喜欢的工作，却做不出任何改变的原因。如果你不想一直做不喜欢的工作，如果你希望你的工作目的不仅仅是维持生计，那就需要找到你的热爱或你的优势。

有些时候，你看似找到了自己的热爱，却仅仅是看似而已。我收到过很多人的留言："我喜欢新鲜事物，也喜欢与人交流，我适不适合做记者?""看了电视剧《精英律师》，我发现做律师好酷啊，学环境科学的我能通过司法考试成为律师吗?""我觉得自己文笔还不错，是不是可以做文学编辑?"很多人以为自己发现了理想的工作，但那份工作很可能与想象中的并不一样。记者的工作不仅仅是与人打交道，更要对采访领域有深入的了解，对选题有所把握。你以为的理想工作在实际职场中可能发展很有限。理想的工作是否真正如你所想，还需要实践来验证。

举一个简单的例子，小时候，我最大的梦想是做一名空中乘务员，因为我心中的乘务员能带任何人去自己想去的地方，而且工资很高。但我到北京上大学之后，视野一下子放开了，我发现乘务员能做的事情实在太有限了，因此这不再是我的理想工作。

当你发现了一个感兴趣的职位，最直接的方式就是找一份实习工作体验一番。在实习的过程中，你不仅可以亲身体会工作的实际情况，还可以向前辈交流，请教他对这份工作的理解，帮助你做判断。

一个人对于理想工作的认识，还来自他的见识。想找到更符合当下职场的工作，需要我们不断开阔视野，了解当下的趋势。

想要找到真正的热爱，唯有通过深入的自我探索以及对职场现状的认知，再在实习的过程中实践和确认。

选择工作之前，首先要选择行业。在迅猛发展的行业中努力和在夕阳产业中苦苦奋斗完全不是一个概念。

IT行业火起来的时候，在教育机构做老师的思思到培训班报名学编程，结业后顺利找到一份软件开发的工作，月薪一万元起步。她曾经的同事小方还拿着三千元的工资，尽管工作加倍努力，也很难突破一万元。

那么，如何了解职场的发展趋势呢？

1. 看招聘需求量

如果一个行业在各大网站或各种地方都随处可见它的广告，这就意味着这个行业的需求量大也就意味着你的选择更多，成长空间更大，甚至门槛更低。

2. 看收入跨度

收入跨度有两层看法，一是同一职位的收入跨度大，二是不同层级的收入跨度大。

比如销售人员的收入从两千元到两万元都有，不同层级的管理岗位的收入有很大不同，但前台岗位的收入从两千元到一万元，便很难再达到更高了。收入跨度更大的岗位，意味着更高的回报和更大的成长空间。

3. 观察周围的变化

2020年的疫情对全国经济造成了很大影响，但直播带货却从这场危机中脱颖而出。"口红一哥"李佳琦5分钟卖光15000支口红，"淘宝直播一姐"薇娅一年成交量高达27亿元，罗永浩首场直播带货销售额超过1.1亿元。

行业的发展日新月异，周围的变化就是市场变化的最好例证。观察日常生活，从现象中发现市场发展趋势，为自己选择更有发展潜力的行业。

很多人说，第一份正式工作与事业发展息息相关，它决定了你的事业起点，由此可见其重要性。所以要好好思量，好好规划。

假如你发现你选择的工作并不理想，那也不要沮丧，你的机会还有很多。要知道这类经历也是有价值的，找到原因，然后选定一个新的目标，再出发。

怎么处理职场人际关系？

经常有初入职场的人给我留言：

"蕾清姐，我性格内向，情商不高，怎样才能处理好职场人际关系呢？"

"蕾清姐，我不太懂得如何和同事沟通，我会不会很容易被同事排挤和孤立啊？"

"蕾清姐，我一见到领导就紧张，哪怕是回答领导一个简单的问题，我心里都会怦怦直跳，我这样的人是不是很难得到领导的赏识？"

很多人以为，能够将职场关系处理得很好的人，一定是性格外向、情商很高、非常会说话的人。但实际上，这是大多数人对职场的误解。在职场中，最重要的不是沟通能力，而是个人的工作能力。如果你的能力过硬，上级领导会看重你的才华，下属会从你这里学到更多东西，同事和你对接工作会更顺利。要知道职场就是江湖，最重要的是能完成你的工作，并胜任你的工作。以个人能力为核心，如果你能很好地处理职场人际关系，这会给你的职场发展加分。如果你的工作能力不过硬，即使你和整个公司的人私交都不错，在职场上也很难有较大的发展。

那么，当我们具备了一定的工作能力后，如何更好地处理职场人际关系呢？

1. 如何与同事保持友好关系？

想要和同事保持一定的友好关系，有一条通用的秘诀，就是经常夸赞对方。美国著名心理学家约翰·杜威说："人类最深刻的冲动是做一位重要的人物，因为重要的人物时常能够得到别人的夸奖。"

很多人不懂得如何夸赞别人，主要是对夸赞的认识存在一定的误区，认为夸赞是奉承，是刻意地抬高别人，因此不愿意做违心的夸赞。实际上，夸赞与奉承是不同的。其中最大的不同就在于，夸赞是真心实意地赞美，而奉承会夸大事实。

比如，当你看到同事做了一个非常漂亮的PPT，你可能会说：

①"你的PPT做得真好，我从来没见过这么好的PPT。"

②"你的PPT做得真好，我一直希望自己也能做出这种逻辑清晰、简洁明了的PPT，但是我每次做出来都不够简洁，有时候逻辑也不够清晰，真要跟你好好学一学。"

很显然，第二种说法让人听起来更舒服。

当你的同事做出一定的成绩时，摒弃妒忌，送去赞美，你真诚的夸赞是拉近彼此之间距离的桥梁，也是保持友好关系的秘诀。夸赞同事不仅仅限于工作范围，当某位女同事戴了一条新项链，你可以夸赞她的审美；某位男同事换了一套新西装，你可以夸赞他的气质。日常中的夸赞是同事关系的润滑剂，喜欢夸赞别人的人，职场人际关系都不会太差。

2. 同事之间的聚餐要不要参加？

同事之间的聚餐活动是增进同事感情的方式，但聚餐太频繁难免会耗费精力。如果有职场纷争的情况，不明就里地参加聚餐，还有得罪同事的风险。

对于同事之间的聚餐，可以有选择性地参加。领导发起的部门聚餐，最好参加；有重要意义的聚餐，比如新员工入职、庆祝部门业绩提升等，最好也参加。单纯为了沟通感情而发起的聚会，则可以委婉地拒绝。

很多人会因此背负这样的心理包袱：如果拒绝别人的邀请，会不会得罪同事？实际上，真正容易得罪人的，反而是毫无原则的人。每个人邀请的聚餐都参加，偶尔有一次没有参加，就可能得罪那次聚餐的邀请人。

不缺席重要聚会，礼貌地拒绝一些意义不大的聚会，是尊重同事也尊重自己的最好方式。

3. 办公室争斗要不要反击？

职场中的委屈是难免的，而且很多时候，同事之间的争辩往往是对事不对人。当别人和我们发生争辩时，首先要反思一下自己的问题，这很可能是我们发现自身问题、得以提高的机会。

如果真的遇到明显的争斗或挤兑情况，要不要反击呢？我的建议是不要。这很像打游戏，我们进场时，总会有一群个子很小的对手对着我们猛烈攻击，如果我们用全部精力去对付它们，游戏便永远无法取得胜利。

办公室争斗会消耗我们的精力，让我们忽略真正重要的东西。面对办公室争斗，唯有默默努力，让自己变得更强大，才能真正帮自己摆脱困境。

4. 如何与领导更好地沟通？

领导通常都很忙，向领导汇报工作时，首先要汇报结果，而不是过程。如果有汇报过程的必要，也一定是在汇报结果之后。

另外，不同的领导有不同的性格，不同的性格适合不同的沟通方式。有些领导比较严肃，喜欢深入思考问题，向这类领导汇报工作时，要拣重点内容说，没有必要说的话就不说。有些领导很有亲和力，善于沟通，向这类领导汇报工作时，可以勇敢地表达自己的想法，不明白的问题人可直接提出，即使说错了，领导也会乐于帮我们指点和纠正错误。

人际关系的沟通技巧能帮助我们在职场中获得更好地发展，但这些都要基于自身能力过硬的基础上。作为职场新人，不要过分夸大人际关系的力量，做好自己的工作才是硬道理。

毕业后3年界定你的职场上限

如果你还没有毕业，你有没有想过该如何度过踏入职场的前3年？如果你工作还未满3年，当下的你对自己的现状满意吗？如果你已经工作3年以上，你认为你的职场前3年度过得怎么样？

很多人说，刚毕业的我们激情满怀，对未来充满期待，以为一切都可以任由我们挥洒，闯出一片属于自己的大好天地。一段时间后发现自己走了不少弯路，为自己挖了很多坑，开始怀疑自己是否真的了解职场，越来越不知道该用什么样的姿态驾驭职场。

某全球职场社交平台曾发布过一份工作趋势调查，发现职场人第一份工作的平均在职时间呈现出随代际显著递减的趋势。

70后的第一份工作平均维持时间为4年；

80后的第一份工作平均维持时间是3年半；

而90的第一份工作平均维持时间骤减为19个月；

95后更是仅仅在职7个月就选择了辞职，而且不少人选择裸辞。

职场前3年是个人事业发展的关键期，但这3年却也是年轻人从懵懂到成熟的探索期。从不确定自己想要什么到找到事业的发展方向，从不知道自己擅长什么到在某一领域大展拳脚。这3年中，有人踏踏实实做着同一份工作，也有人不断跳槽，甚至转行。

很多人指责新一代年轻人"不修内功，难成大器""垮掉的一代""没有忠诚度""太浮躁"，这些标签被牢牢贴在了年轻人身上。

在老一辈人看来，对一份工作"从一而终"是职场之门的正确打开方式，也是他们应该完成的使命。既然做了这份工作，那就从入职干到退休，这才能称作光荣的劳动人民。

可现在已经没有终身制的工作了，而且高额的房贷压得年轻人喘不过气来。我们很难再像上一代一样踏踏实实地工作，现实逼迫着我们向前奔跑，这是造成年轻人频繁跳槽的根本原因。

虽然不少毕业生在走出校门前就有了一定的打算，但梦想往往很难仅靠第一份工作实现，当时机成熟时，就会作出新一轮的选择。

工作3年的年轻人，在职场上还缺乏经验，跳槽是追求事业发展的一种方式，但当跳槽被贴上了浮躁的标签，不少人开始变得茫然。

跳槽还是不跳槽，这是一个问题。面对这个问题，我可以为大家提供两个参考点：

1.在当前企业继续发展，你是否有前途，是否有晋升空间？

2.当前企业的人际关系是否简单，不会让你感到焦躁烦闷？

如果这两个问题的答案都是肯定的，那我建议你继续在这家公司做下去；如果这两个问题有一个是否定的，那我建议你趁着年轻，考虑跳槽到别的公司试试；如果这两个问题的答案都是否定的，那么别犹豫，赶紧辞职吧！

但是，我也要提醒有跳槽想法的年轻人，那些跳槽能越跳越好的，都是能力过硬的人才。有真本事的人，去哪儿都有公司抢着要。但如果自身学历、能力都不够，你的问题恐怕就不是跳槽可以解决的。专注自身能力的提升，让你自身配得上你的野心。

在职场中提升自我，除了要加强专业能力，还要开阔思路，发现工作的更多可能性。

我的一位好友小七，她在读本科时就想当律师。毕业后，她先到了一家知名媒体公司工作，成了一名媒体人。做了4年媒体人后，她拿着攒下的钱开了家律师事务所。

一次聚会中，她笑着跟我们谈起了当初"曲线救国"的规划："刚毕业时，我真的什么都不懂，做律师起点高，起步难，我没有把握能坚持下去。但从事媒体行业时，我做的是法治新闻。通过这份工作，我了解了我国司法体系的运作模式，也研究了一些难点案件的解决方式，这些都给我未来创业打下了基础。"

法治新闻记者是媒体人向律师过渡的桥梁，小七看到了工作中的其他可能性，在提升专业能力的基础上拓宽能力边界，让跨界实现起来更简单。

一份工作有多种可能，如果你想要提升自己，可以在当前的基础上拓宽自我能力，成为一专多能的人才。在职场上，单一的技能的确已经无法满足日益变化的行业需求，越来越多的人开始朝"T型人才"方面发展。所谓T型人才，就是在专才的基础上"跨界混搭"，不断拓宽自己的知识面，提高自身竞争力的人才。

对于大部分年轻人而言，职场前3年是事业发展的重要阶段。如果在这3年内选对了路，后面的发展相对来说就会顺利很多；如果这3年过得浑浑噩噩，未来想要做出出色的成绩就需要付出成倍的努力。

毕业后的3年界定了你的职场发展上限，当你发现任何职场困惑时，拖延和盲从都不是对自己负责的态度，选择符合自身事业规划的路，才是正确的决定。

女性想要事业成功，要解决哪些问题？

都市热播情感剧《谁说我结不了婚》中，律师田蕾向公司红人凯文毛遂自荐，希望能给他打下手，却被凯文委婉地拒绝。

田蕾向同事吐槽原因说："他根本不会和未婚未育的女律师合作，万一我将来要结婚生孩子，影响了案子怎么办？"

法律规定，企业需要为女性员工提供带薪产假和哺乳假，未婚未育的女孩随时可能结婚，有些企业为追求利益最大化，会拒绝录用女性员工；从身体状况来说，女性不太适合长期出差、熬夜加班，出席酒会等社交场合也有诸多不便，不利于工作安排；对于已婚已育的女性，有些企业会认为她们会将更多精力放在家庭中，因此更愿意培养男性员工。

女性在应对职场潜在的区别对待时，更应该提高自身专业能力，强调岗位胜任力。

女性一旦进入职场，最好放弃依赖别人的想法，不要寄希望于异性的同情、支持和额外照顾。想要在职场中获得更好的发展，只有努力在本职工作上做出成绩。

董明珠曾说："在男性的圈子里，你是一个女性，你要用什么方式赢得他呢？不是说称兄道弟。我从一开始就坚持一个信念，如果你有优质产品和科学服务，你就会赢得他们。"

斯坦福大学和哥伦比亚大学有一项关于职场性别差异重要性的研究，进一步说明了这一观点。他们发现：相比主张关注女性特质的女性，主张关注男性和女性相似点的女性，她们的权力感和自信心更强。也就是说，在职场发展中，懂得淡化性别差异的女性会更受益。

所谓淡化性别差异，就是要把注意力放在培养理性、独立、竞争、行动力等职场进取所需的特质和能力上，而不是让这些成为男性的代名词。

女性在事业发展的道路上虽然有很多阻碍，但这些都不是我们放弃的理由。事实上，除了这些社会客观因素的阻碍，我们的一些主观想法可能也占了一定的比例。

1. 事业成功会影响感情幸福吗？

很多人都听过这样一句话："世界上有三种人，男人、女人和女博士。"这句玩笑话恰如其分地反映了社会上的一种心理：女性的学历越高，找对象就越困难。都说成功男人的背后一定有一个默默为他奉献的女人，但一个成功女人的背后往往只有她自己。中国的传统思想认为男强女弱的婚姻才和谐，而女强男弱的结合会让男人的地位受到威胁。

大部分男性要"贤内"而不要"女强人"，导致一部分女性错误地认为事业成功必将带走感情幸福。但其实，优秀的人才会互相吸引，为了迎合对方而委屈自己是对自己的不负责任。真正爱自己的女人，是懂得遵从内心的人，这样的人也必将得到应有的爱与尊重。

2. 事业成功的女人都不会太漂亮？

很多人说，智慧与美貌不能并存。一个太漂亮的女人，很难沉下心来努力奋斗。

其实，这句话也是个误区，在文艺行业就有典型的例子。不管是学艺术的还是学表演的，漂亮且有才华的女孩比比皆是。所以，面容姣好的女孩们，不要听信这些毫无根据的言论而不思进取，不要让无稽之谈阻碍你事业的成功。

3. 结了婚的女人不需要再拼事业？

网络上一度流行"干得好不如嫁得好"等言论，这些说法让部分女性失去了竞争意识，以为结了婚就该相夫教子，因此不会在事业上努力拼搏。其实，结了婚的女人往往更成熟，在多任务的切换中会更加游刃有余，处事更有一种柔韧的力量，将这种智慧用在工作中，反而更有助于事业的发展。

找到一份有成就感，并为之奋斗终生的工作，这会提升我们对社会、对人生的认知，也会让我们对自己、对生活更加笃定。不要让他人的价值观束缚我们的发展，我们该有自己的想法和追求。扎扎实实学好专业知识，树立良好的职业素养，自强自立，自尊自爱。自信勇敢地寻找你想要的吧！

外界赋予我们的标签不再是我们获得成功和幸福的绊脚石，而要把这些石头一一铺在脚下，踩成前行的路。

放弃事业回归家庭，还是做兼顾事业的好妻子？

做妈妈是女人非常幸福的事。但有了孩子以后，职场女性往往要面临两种选择，要么边工作边带娃，白天辛苦晚上继续辛苦；要么彻底辞职在家，承担脱离职场造成的一系列危机。

边工作边带娃能保持与职场变化同步，但无法给孩子足够的陪伴；做全职妈妈能带给孩子更多关怀，却失去了收入来源，甚至与社会脱节。是放弃事业回归家庭，还是照顾孩子的同时兼顾事业，这应该是每个新手妈妈都难以抉择的问题。

有熟悉我的粉丝问我是如何平衡事业与家庭的。在我生宝宝之前，我不认为我会做全职妈妈，但当我有了宝宝之后，这个想法却有过动摇。女人只有做了妈妈才会真正明白其中的辛苦，也只有真的面临选择时，才能体会到那究竟意味着什么。

初为人母的我，看了不少育儿文章，也有很多朋友告诉我，应该给孩子高质量的陪伴。因此我决定暂时放下事业，将更多精力用来陪伴孩子的成长。当我陪着孩子时，我的脑子里总忍不住会为自己的未来担忧，有时虽然看着他的脸，思绪却不知道飘到了哪里。但就在产假即将结束的那段时间，我忽然意识到，这段时间的生活，让我完全失去了自我。

那一刻我明白，我想要的生活方式是对事业有追求、对孩子有陪伴。我带着这份情感回到职场，晚上下班后的亲子时间更显得宝贵，因此我会倍加珍惜我们在一起的每分每秒。我拿出工资的一大部分来支付保姆的费用，先生又拜托父母帮我们照看孩子。虽然白天工作晚上带娃的日子过得很辛苦，但看到自己在家庭和事业方面都有成长，就觉得一切的辛苦都是值得的。

兼顾家庭与事业听起来是一种理想状态，实际做起来却并不简单，其中最关键的是提高时间利用率。上班时间全身心地投入工作，不要边工作边翻看孩子的照片，影响工作效率。下班回家后和宝宝相处，哪怕只有短暂的半个小时，也要用心和宝宝建立情感联系。高质量的相处，即使时间短暂，也好过长时间低质量的陪伴。关于这一点，我和先生在家庭会议上做过约定，每周五晚至周六全天，都要放下手机，全心全意享受家庭时光。

兼顾家庭与事业也离不开家人的帮助。建议大家与家人沟通，创建家庭内部会议，定期讨论家庭事务，确定照顾孩子日常生活的主要负责人，以及每个人在育儿方面的任务分配。既然有了孩子，就要担负起做母亲的责任。即使你是职场独立女性，在空闲时，也要安排好与孩子相处的时间，以孩子为先，个人社交与成长就往后排序。只有预先安排好优先次序，心中有了明确的优先级，在遇到实际问题时才能坦然面对，避免焦虑。

边工作边带娃的确辛苦，但实际上，做全职妈妈也并不轻松，甚至要承担比职场人更多的压力。这份压力主要源于外界的看法、自身的成长局限以及家庭关系的变化。有些全职妈妈的老公工作繁忙，甚至长期出差在外。得不到老公的理解和帮助的女人，内心是非常脆弱的。我认为比起陪伴孩子，妈妈的身心健康更重要，一个对自己自信的女人，一定是一个能传递更多正能量的好妈妈。在时间的合理规划上，如果父母有时间并且也愿意帮你带孩了，完全可以接受他们的帮助。现在也有很多早教班可以接收刚出生几个月的孩子，可以把孩子交给早教班。如果因为一些客观原因只能选择做全职妈妈，那我也希望你做一个能驾驭生活的快乐妈妈。

工作的本质就是付出劳动来换取相应的回报。全职妈妈虽然不是一份工作，但你依然可以把它当作一份工作来对待。除了孩子成长中的每一份变化、每一份惊喜是我们收获的最有意义的回报外，你还可以这样做：首先，可以在你们的家庭会议中，明确自己照顾孩子的价值。当然如果有条件，可以将你照顾孩子的这部分价值货币化。其次，找到自己的特长。找一份精力上可以兼顾的、精神上愿意为之努力的事业。最后，打磨你的特长，使其可以变现。

当前，短视频等自媒体的迅速崛起对全职妈妈来讲是个好消息。她们完全可以借此找到自己的价值，将自己之前的专业、感兴趣的领域或者一路走来的育儿经验通过短视频和直播的方式分享出去，为更多人提供价值。可以将这些内容整理为实用又有趣的课程，通过知识付费的方式获取收益；也可以分享自己用过的育儿好物，通过直播或短视频带货的方式获得分成收益。

全职妈妈是24小时待命的，但并不意味着24小时都要陪在孩子身边。全职妈妈可以拥有的变现渠道还有很多，我们总能抽出一点时间来做自己的事情。比如，你平时爱读书，可以建立读书付费社群，指导更多渴望读书但找不到正确阅读方法的人；如果你喜欢做美食，可以利用微信朋友圈等社交平台出售你的美食，说不定还能发展成创业项目呢。

一个身心健康且不断成长的妈妈才能带出健康快乐的孩子，哪怕是辞职在家带娃，也不要忽略了自身的价值。

究竟是兼顾事业还是做全职妈妈，每个人的情况不同，因此选择也不同。做何种选择并不重要，重要的是把精力放在当下，只要在当前的境遇里做更好的自己，你就是最优秀的妈妈！

职场妈妈的时间管理清单

一些熟悉我的职场妈妈问过我这个问题:"蕾清,你能做这么多事,你的工作和家庭是如何平衡的,是如何进行时间管理的,有什么经验可以分享吗?"

"神兽"这个网络词从2020年流行开来。作为两个孩子的妈妈,我觉得这个称呼简直太贴切了。孩子真的很像一只"神兽",他们会消耗我们的精力,侵占我们的时间,但同时也带给我们欢乐,督促我们成长。

在我看来,做妈妈和做企业管理很像,我不觉得一定要在工作和家庭之间做出谁更重要的选择,而是把两者当作生活中都缺一不可的内容来看待。

那么,接下来只有一个需要决策的内容,就是"当下你会先做哪件事情"。举例来说,如果家里孩子生病了,我肯定会放下手头的工作,陪在孩子身边;反之,如果工作中有处在关键期的项目需要加班,那我会毫不犹豫去工作。

作为职场妈妈的我,在把两个孩子逐渐带大的过程中学到了一些技巧:

1. 列一份清单

我不断地制作清单,并不断地在我的笔记本里修改它们。我会把工作和生活清单列在一起,"为大儿子的班级活动买件黑色T恤"和"今日完成方案的撰写"列在同一张清单上,这样我不需要费心管理两张清单,遗漏事情的概率也会降低很多(事实上几乎不会有遗漏)。

2. 早起

你早上几点起床？把目前的起床时间减去一个小时，就是你应该起床的时间。周围很多朋友觉得我五点钟起床这件事有点疯狂，但在我看来，如果我没有在大多数人之前醒来，那么我会感觉一整天都是混乱的，被纷杂的事情纠缠着。职场妈妈的时间管理秘诀就是要找到常规时间之外的时间，而这很可能意味着你要牺牲一点睡眠。利用额外的时间享受你的咖啡、冥想、运动，你的幸福感会很容易提升。这点对我来说很重要。

3. 学会寻求帮助

没有必要事事亲力亲为，更没有必要事事做到完美。当你遇到生活中的困难，要学会向保姆、丈夫和孩子寻求帮助。我的儿子每天都会自己整理床铺和打扫房间，我的先生是家庭修理工、课业辅导员和活跃家庭气氛能手。当我不知所措时，我会向他们寻求帮助，当他们帮我解决了生活中的难题时，我都会感到很幸福。

4. 星期日的准备工作

星期日是我做各项准备的日子，这一天是职场妈妈时间管理的关键。在这一天为自己安排一个丰盛的午餐，款待劳累了一周的自己。去杂货店购物，把你的冰箱塞得满满的。把下一周需要安排的事情在头脑中过一遍，让自己更有信心地开启新的一周。

5. 计划每一件事

想运动一下吗？把它放进你的清单；想要一个浪漫的约会吗？把它放进你的清单；想要做头发、做指甲、做美容吗？把它放进你的清单。也许不是每个人都会计划好每一件事，但我提前计划好每一件事情的能力在多年前就已经养成了。我想做的任何事情都会被我提前放进清单里，并会和我的手机同步。任何与先生有关的事情（比如约会或聚会）我都会发送给他，所以这些事情也会出现在他的清单上。如果我已经把时间安排好了，就不太可能取消它们了（比如运动）。

6. 停止内疚

这条只是我对职场妈妈的建议。有了孩子以后，如果你想出去放松一下，这没什么大不了；如果你想定期和闺密聚会聊天，这也没什么大不了；如果你想和孩子静静地待在家里，这依然没什么大不了。我想说的是，你想做什么样的妈妈都行。只要你爱你的孩子，就继续尽你的最大努力做好该做的事。不要让别人的、社会的甚至你婆婆的意见影响你的思想和生活。任何人的一生都只有一次，让我们不带愧疚、坦坦荡荡地度过每一秒。

兼顾家庭与事业是每一个职场妈妈的挑战，同时也是我们重新认识自己的机会。当我们克服了一个又一个困难后，才会惊讶地发现，原来我们可以做得比想象中更好！

Chapter 7　情感篇：给心灵找一个温暖的归宿

脱单需要"黑科技"

很多人觉得，恋爱是顺其自然的事情，想要脱单只能靠缘分。于是很多人开始用佛系的心态谈恋爱，"你来我欢迎，你走我不送"的恋爱态度听起来很酷，实际上却是一种被动的行为。

我想告诉你，脱单是可以提前规划的。

在我遇到我先生之前，我就做过让自己脱单的规划。奇妙的是，最后我真的通过履行自己规划的方式，成功脱单了。

我的脱单规划分为四步，分享出来仅供大家参考。

1. 列出你的择偶标准

有人说，难以脱单的女孩，是因为择偶标准太高。的确，高标准会缩小恋人的选择范围，但这并不代表一定无法找到。内心明确自己想要什么样的恋人，标准高不过是将困难系数加大了一些而已，只要是合理的要求，就有希望脱单。在我看来，比择偶标准高更容易让一个人难以脱单的，是没有择偶标准。没有择偶标准、或者择偶标准不明确的女孩，看似很容易脱单，却也很容易再次单身，归结起来，还是难以脱单。这类女孩往往很容易投入一段恋爱中，但彼此的新鲜感过了之后，会再次恢复单身。

想要做到真正意义上的脱单，第一步就是列出你的择偶标准。比如，你希望对方成熟、颜值高、身高一米八以上、有上进心、用情专一、幽默等。

然后，对自己进行深度地自我剖析，了解自己的情感需求，并对照择偶标准做出重要性排序。

如果你是一个内心深处缺乏安全感的人，或者你认为伴侣最重要的意义是给予你足够的陪伴，那你的择偶标准中，"用情专一"可能该排在第一位；如果你是一个心理年龄比较小的人，你希望你的伴侣在重要的事情上能给予你帮助和指导，那你的择偶标准中，"成熟"就可以排在第一位。

我们通过自我探寻，了解自己内心深处对伴侣的根本需求，以此将择偶标准进行排序，才能摒弃次要因素，明确自己想要一个怎样的恋人。

2. 开始行动

看到这里，你可能疑惑了，我才列出择偶标准，还没有真正找到恋人，怎么行动呢？

我想你应该听过这样一句话，"想要得到什么，就先付出什么。"这句话放在人际交往中合适，放在恋爱中一样合适。

如果你渴望在恋爱中被对方关注，那就先学习如何关注他人；如果你希望被对方呵护，那就先学会如何呵护别人；如果你喜欢浪漫的爱情，那就先学会做些浪漫的事情；如果你渴望在对方身上得到安全感，那就先做到能带给别人安全感。

虽然你还没有脱单，但要先行动起来，让自己具备脱单的能力。这样，当爱情来临时，你才能更好地抓住爱情，握住幸福。

3. 提升自己

爱美之心，人皆有之。美丽的事物是人人向往的。所以，想要脱单，全方位地提升自己也是很重要的。

可以学习一下服装搭配，找到适合自己的穿衣风格；学习化淡妆，让自己看起来更靓丽；养成护肤的习惯，让自己的状态更年轻。

外表的提升是第一步，接下来是内在方面的提升。培养一个能长久坚持下去的爱好，比如摄影、运动等，让自己的心灵丰盈起来。如果这个爱好是需要多人完成的，那就更好了，这还能帮助你扩大交际圈，认识更多新朋友。

此外，如果你之前谈过恋爱，那么你能从失败的恋情中总结出什么经验？在从前的恋爱里，你在哪些方面做得不够好，哪些方面还可以再提升一些？客观地认识和评判自己，从失败的恋情中总结教训，这也是一种提升。

4. 坚持自我

当我们坚持追求自己内心的渴望时，难免会遇到一些来自外界的、不和谐的声音。年龄稍大一点的女孩子如果始终保持单身，难免会有人说些什么，甚至送来"差不多就可以了"这样的规劝。要知道，人生是自己的，那些劝我们将就的人，不会为我们将就的人生承担任何后果。我们是否幸福，无须他人来评判，要学会坚持自我，认准自己想要的东西。

在坚持自我的道路上，每个人都会遇到一些心理障碍。比如，情路不顺的人会不自觉地认为自己不会遇到幸福的爱情，单身太久的人会给自己无法脱单的心理暗示，自卑的人会认为自己不配拥有甜蜜的爱情。这种不自觉的消极暗示会投射到我们的生活和行为上，如果不及时加以调整，规划做得再好，也很难脱单。想要获得理想的爱情，就要先让自己达到理想的状态，先从心理上给自己积极的暗示：我值得拥有美好的爱情。

当我们按照这四步规划实施脱单计划时，无论最终能否成功脱单，我们都走在了使自己变得更好的路上。

花开的时刻总是出乎意料，而又在情理之中。

恋爱中的我们，该如何抓住幸福

我曾经的一位男同事，硕士毕业后入职了我之前的工作单位。不仅工作非常努力，态度也很认真，各级领导都很看好他。就在大家都以为他很快会晋升部门主管的时候，他却被领导调到其他部门从头做起。而原因，竟然是他交往的女朋友。

他的女朋友是我见过最"作"的女孩，不但将他微信里所有的女性（包括女客户和女领导）全部拉黑，还经常到单位来无理取闹。有一次，单位组织了一场很重要的会议，他把手机调成了静音，没有及时看到女朋友的微信。她竟然打电话叫前台人员去会议室让她男朋友听电话。这些过分的要求男生都忍了，并且一如既往地对她好。

最后女方提出的物质要求成为这段感情向到终结的致命一击。两个人家里的条件都很一般，女孩却要求男生为她在北京四环内全款买一套房子。男生工作以来挣到的所有工资都交给了女孩，自然不可能再拿出这么多钱来。

男生终于提出分手，后来，女孩也"幡然悔悟"，但男生却拿定了主意一刀两断，两人的缘分到此为止。

"肯为你花钱花时间的人才爱你""看对方是不是爱你，就看他会不会秒回你的消息"，网络上流传的这些论调一度误导了大众的爱情观，使得很多人以索取的姿态面对爱情，要求对方为自己付出时间、关注和金钱，却完全忽略了自己该在这段感情中投入什么。

尤其是在爱情中要求对方在物质方面付出的女孩，她们潜意识里便认为男人就是女人的"提款机"。但事实上，男人不是"提款机"，更像是信用卡。你要清醒地知道，信用卡刷过之后是要还的。无论男女，付出情感后都需要得到对方的慰藉，只有相互能够感受到对方给予的正向反馈，关系才能长久地维系下去。

在成年人的世界里，每个人都背负着生活的压力。我们都向往在压力重重的日常生活中寻得片刻的安静和舒心。爱情是一种心与心的交流，是灵魂与灵魂的相互依偎。如果我们总是抱着索取的态度面对爱情，那站在我们身边的人，迟早会疲惫不堪，最终从爱情中挣脱逃离。

感情是一张信用卡，每一份感情有一个独特的账户，也有额度限制，无论你在对方的心中价值有多高，都对应着一个情感额度。这个额度不仅代表着你有多优秀、他有多爱你，还代表着他在爱情中的承受能力。这就是为什么很多人在决定放弃感情的那一刻，说的不是"不爱了"，而是"我累了"。

在感情中，我们"刷卡"的那一瞬间，好像什么都不需要付出。索取时，最初总是很容易获得满足。但到了一定的时间，对方始终得不到任何反馈，就会感到疲惫。就像信用卡到了还款期限，你就会收到一份账单，之前那些风平浪静的日子，不过是情感信用卡的免息期罢了。

反之，有些人在爱情中的姿态很卑微，一味付出，不求回报。每天给对方发上百条短信，最终却得不到几句回应；对方偶尔回复一条消息，立刻如获至宝，欢呼雀跃；只要对方有需要，立即放下一切付出全部；但当自己需要帮助时，对方总有各种借口逃到千里之外。这样不对等的爱，女孩多少也能察觉到不对劲，但总会为自己找到借口继续卑微下去，不愿醒来。

就像张爱玲那句唯美的名句："见了他，她变得很低很低，低到尘埃里。但她心里是欢喜的，从尘埃里开出花来。"这句子美得让人心碎，然而张爱玲本人在爱情中的卑微姿态并没有为她带来幸福。尘埃里的花，换不来对方的珍惜，更丢失了自己的尊严。

爱情是平等的，爱情中的付出亦是平等的。付出要在彼此尊重的基础上才显得珍贵，一旦没有尊重作为前提，爱情的天平就会失衡。一方越来越委屈，另一方越来越不珍惜。如果爱情必须靠一味地付出才能维持，那这样的爱情不要也罢。

每个人都是独立的个体，即便在爱情中，任何一方的姿态也不必刻意放低。只有人格平等的两个人，才能维持一段长久而幸福的亲密关系。

另外，好的爱情状态应该是"我是爱你的，你是自由的"。即使是亲密的恋人，也需要独处的空间。两个人若想保持长久而舒适的关系，在一起度过往后余生，必须要学会留给对方一定的空间。刺猬调整距离相互取暖的故事，相信大家都不陌生，在爱情里也是如此。爱情关系里的两个人，应当是相互吸引，而非束缚和捆绑。过度的黏腻，只会相互灼伤。

我们在爱情中最好的姿态就是自尊自爱，不卑不亢。有一定的物质基础，不需要向对方索取金钱；有热爱的事物，不依赖对方的陪伴；有独立的思想，不轻易被对方支配。唯有如此，在爱情中才能收获真正的幸福。

经营婚姻的秘诀

很多年前的一个周末，我和先生一起到电影院看一场电影的首映。那场电影很受欢迎，来观影的人很多。当我们进入电影院，在座位上坐好时，还有很多人在后面排着队。我默默地看着依次走进来的人群，等待电影开场。

一个穿着很考究的男性引起了我的注意，他戴着复古样式的眼镜，小臂上挂着一款女士包包。他的女伴走在他的身前，穿着一袭漂亮的长裙，头发挽成一个很精致的髻。他的手始终搭在她的肩上，轻轻地搂着她，随着人群走进来，他不时还把唇凑到她的耳边说些什么，两人满脸是笑。

他们刚好坐在我们座位的后排，我能听到他们低声的谈话。从对话中得知，他们是一对夫妻，那天是他们结婚五周年纪念日。

我的心里为之一振，结婚五周年的夫妻还能如此浪漫吗？忍不住偷偷回头再看一眼，他们彼此眼中浓浓的爱意，如在蜜月中。

从电影院回来，那对夫妻穿着考究的样子，还有丈夫轻轻搂着妻子时脸上流露出的温柔，都在我心中留下了很深的印象。那一天，我突然明白，夫妻之间的感情，并不能完全靠恋爱时的激情。面对婚后的漫长岁月，想要始终保持幸福，还要学着花心思去经营。

婚姻中的经营，体现在很多方面。

1. 和伴侣做朋友

在我心里，伴侣首先应该是我的朋友，其次才是我的丈夫。不知道你有没有发现，相较于伴侣，我们往往更愿意把耐心分给朋友。朋友不高兴时，我们会花时间安慰他们；朋友需要帮助时，我们会第一时间赶过去帮忙。但当我们的伴侣因为工作或其他关系心情不好时，我们的第一反应可能是埋怨，埋怨他把情绪带到家里来，埋怨他影响了我们的心情。如果我们把对朋友的耐心放在伴侣身上，你会惊讶地发现，夫妻间的关系立刻就不一样了。把伴侣当成朋友，彼此会更容易互相包容和理解。

2. 保持浪漫

大多数女孩都喜欢浪漫吧？我在电影院看到那对结婚五年的夫妻给我留下了太深刻的印象。从那之后，我开始重视婚姻中的浪漫感觉，把埋藏在心底的那个渴望浪漫的小女人释放出来，坦率而真诚地为自己营造浪漫的婚姻。婚姻就是这样，随着时间的延续，新鲜感逐渐被习惯替代，爱情也慢慢向亲情转变。现实中的种种事件充斥着我们的生活，还房贷、工作、加班、做家务、维持亲朋好友的关系……这是我们必须接受的事情，但这并不代表我们什么都不能做。现实越是试图将我们淹没在柴米油盐中，我们越应该为婚姻打开一个出口，时常保持浪漫，享受彼此的爱意。

3. 重视沟通

沟通是一个老生常谈的话题，而我们却常常忽略它。沟通是幸福婚姻的核心，很多夫妻间的问题都始于沟通不到位。比如，你喜欢浪漫，但你的伴侣认为务实更重要。如果你们不就这个问题认真沟通，那以后的每一个节日，你都会期待浪漫的约会，但对方每次都不能让你如愿，美好的节日最终都是以不愉快收场。如果你主动提出你的需求，郑重而认真地告诉对方你想要的浪漫是什么样子，而不是强求一个不懂浪漫的男人猜你的心思，你们的婚姻质量一定会提高不少。婚姻是由无数件小事构成的，注重每一件小事的沟通，能帮助我们更加清晰地认识和接受对方，提高婚姻的幸福程度。

4. 一起面对困难

婚姻生活中一定会遇到一些困难，有些困难可能是单方面的，比如谁的工作遇到问题，或者谁的身体出现状况，这是一个人的事情，但既然你们是夫妻，就该两个人共同面对。困难对于婚姻来讲，是一把双刃剑，它可能会破坏和摧毁一段关系，也有可能让婚姻更加坚固。重点是，面对困难时，你们是两心合一、一致对外，还是在困难面前互相指责和攻击？一段好的婚姻关系是在面对困难时，双方相互支持，彼此赋予力量。好的婚姻在经历困难后，会更加坚定一生一起走的信念。

5. 不断成长

成长是婚姻关系中的一个重要组成部分。夫妻中的双方，每个人都是独立的个体，有各自的工作、爱好、交友圈子，每个人都会随着环境的变化而变化。如果你的变化始终是正向的，你会更容易拥有长久的吸引力。因为每一天的你都不同，每一天的你都有值得被对方深爱的理由。婚姻中的成长，最理想的状态是双方同步前行，共同成长。一起尝试新鲜事物，一起学习新的技能，一起变得更加优秀，一起爱着更好的彼此。

如果说爱情是一杯烈酒，那婚姻就是往这杯烈酒中不断注入清水，酒的味道会随着时间的流淌越来越淡。让这杯酒持续留香的方法，就是用心经营它。在酒味变淡的同时，也注入更多新鲜的元素。酒的味道会变化，但让伴侣间持续相爱的秘诀，不正是这可爱的变化吗？

如果打算生孩子，不如趁早

我收到过一位粉丝的留言，她对我说："蕾清姐，我最近好苦恼。我结婚一年，很想要宝宝，所以在积极地备孕，哪想同事得知后，竟然都劝我不要太早生宝宝。他们有的说生宝宝影响事业发展，有的说该趁年轻多玩几年，还有的说生宝宝会导致身材走形，经常熬夜照顾宝宝也会使皮肤暗淡。本来我生宝宝的想法是很坚定的，可是听了同事们的劝告后又犹豫了。蕾清姐，我到底是该继续备孕，还是该再等几年呢？"

收到她的留言，我真是有点哭笑不得。确实，生孩子或多或少会影响女人的事业。有了孩子之后，也有了责任，不可能和没有孩子时一样自由。孩子小的时候非常需要我们的照顾，我们的身体状况可能都会因此受到影响。但是，如果这些问题真的能够吓退你生孩子的想法，那你需要思考的可能不是什么时间生孩子，而是还要不要生孩子。如果你已经打算生孩子，那影响事业、身材走形、皮肤暗淡等问题是无论如何也无法避免的。反而，趁年轻、趁身体好、趁精力充沛，趁早生孩子才是明智的选择。

首先，从医学角度讲，23岁到29岁是女性的最佳怀孕年龄。一旦过了30岁，女性的自然受孕机会会随着年龄的增长而下降。特别是过了35岁，会更加明显地下降。现在的环境污染情况严重，部分女性还有加班、熬夜、工作压力大等问题，这些因素都会影响卵巢的健康。

趁年轻的时候早点生孩子，自己的身体机能更好，孩子的身体也会更健康。

从医学和身体的角度考量，如果打算生孩子，最好趁早。同时，也要从心理上考量，评估自己是否已经足够成熟，是否具备承担起一个新生命的能力。最直接的评估方法就是问问自己，为什么想生孩子。我希望你是因为渴望一个新生命的降临而生孩子，而不是因为以下几个原因：

1. 单纯为了"传宗接代"

虽然这个理由很老套，却是很多人的想法。在古代，人们为了所谓的"传递血脉""延续香火"等说法，不停地敦促女人生孩子，认为后代旺盛是多子多福。但如今时代在进步，女性从身体和思想上都获得了解放，生孩子是自己的选择，而不是女人必须履行的任务。如果仅仅是为了"传宗接代"而生孩子，那是对自己不负责任，也是对孩子不负责任。

2. 为了满足别人的需求

经常有朋友这样说："我生孩子完全是为了满足公公婆婆的心愿，他们早就答应，孩子生下来不用我带，我也只好哄他们高兴了。"

如果长辈希望你早点生孩子，他们的意见可以拿来参考，但究竟要不要生孩子，什么时候生孩子，真的只能自己作主。这是为自己负责任，也是为孩子负责任。试想，一个为应付差事而生孩子的母亲，如何能够负担起做母亲的责任？即使长辈答应帮忙带孩子，他们也永远不可能代替母亲这个身份。

3. 为了维持家庭关系

有一种说法认为"孩子是家庭的黏合剂"，夫妻双方有了孩子之后，家庭会更完整，夫妻关系也会更稳定。

真的是这样吗？我身边有很多幸福的丁克家庭，也有不少儿女双全正在闹着离婚的夫妻。唯一能够保持婚姻和谐的法宝，只有夫妻之间的爱。如果夫妻感情已经出现了问题，孩子的到来也许可以暂时将它掩盖，但无法真正解决问题。

在婚姻中，最重要的关系应该是夫妻关系，而不是亲子关系。如果把孩子当成维持家庭关系的工具，夫妻之间的关系只会越来越淡，对孩子的成长也是不利的。

4. 为了养儿防老

"养儿防老"这种说法的本质，其实就是把孩子当成自己未来的经济工具。有这种思想的人，潜意识里总认为自己的人生是需要别人负责的。小时候由父母负责，结婚后由老公负责，老了由儿女负责。但其实，当我们老了，儿女也有了自己的工作，他们还需要为自己的未来打拼。每个人只能负责自己的人生，即使我们有孩子，也不要让老年的自己成为孩子的负担，要在年轻时就为自己的老年作好规划。

5. 为了寄托自己的希望

"我当初没有考上重点大学，一定要让我的孩子考上！""我当年没有学金融专业，一定要让我的孩子学金融！""我这辈子没有大富大贵，我一定要让孩子努力，将来过上大富大贵的生活！"

这些愿景听起来是为孩子好，但仔细想想，这不就是把自己的意愿强加给孩子吗？每个人都是独立的个体，每个人的人生也都是独立的人生，即使亲如母子，我们也没有权利对孩子的未来横加干涉。我们自己的人生难免有遗憾，但如果为了弥补人生的遗憾而生孩子，强迫孩子弥补我们的遗憾，照这样的逻辑，孩子的孩子又去弥补上一代的遗憾……谁才能真正过上理想的人生呢？

生孩子是女性一生中很重大的决定。从医学角度讲，如果你打算生孩子，最好要趁早。但还要参考你的心理成熟程度，如果你已经成熟到足够为新生命负责，晚生孩子真的不如早生好。

幸福的家庭，是每个人心灵的港湾

提起"情感"一词，年轻人最先想到的就是爱情。除了爱情，生活中还有一种至关重要却常常被忽略的情感，就是亲情。

小的时候，亲情对我们来说就是从家人那里获得了什么；长大后，亲情则意味着我们能回馈给家人什么。每一个成年人都需要花点心思好好经营家庭关系，甚至可以说，一个人是否成熟，可以由与父母的关系来判断。

2018年，网上流行过一则"父亲节最催泪"广告，讲的是一位退休父亲为了跟上女儿的生活节奏去求职做实习生的故事。因为随着女儿的成长以及时代的变化，老人越发感觉到自己不被女儿需要。他辛辛苦苦跑到营业厅帮女儿支付电子账单，结果账单已经自动扣费；下雨天他坐公交给女儿送伞，却不知道现在手机软件就能打车回家；上门帮女儿做饭，又在无意中打碎了碗。女儿的一句"我又不是小孩了，我能照顾好自己"，轻描淡写地就把父亲浓浓的爱拒之门外。

随着我们渐渐长大，父母也在逐渐变老。现在，是我们该承担起维系家庭关系的责任了。

那么，如何经营好与父母的关系，营造幸福家庭呢?

1. 经常打电话关心父母

年轻人的生活充斥着来自四面八方的压力，我们要学习、工作、社交，时间被安排得满满当当。但不管多忙碌，常常打电话关心父母也是必要的。问一问父母的健康状况，了解他们的生活和心情，聊一聊生活中的喜怒哀乐，和他们分享我们的每一天。

2. 经常回家看望父母

对家人来说，陪伴是最重要的。虽然经常打电话也能表达关心，但陪伴是为了营造一种家人在一起的感觉。这种感觉，是一家人的默契，即使大家不说话，也能感受到温情。这种温情就在一蔬一饭，一茶一酒中。

3. 定期带父母去体检

父母的年龄逐渐增长，身体的各个器官和各项免疫机能都在下降，大病小病很容易找上门。作为子女，要留心关注父母的健康，每年带父母检查身体，不仅可以及时发现疾病，也可以尽早预防和治疗，避免小病发展为大病，给父母造成不必要的身体痛苦。

4. 表达我们对父母的需要

父母对我们的需要，不是我们给他们多少钱，而是情感上的需要。或者说，父母需要的，是我们需要他们的感觉。平时，我们可以适当向父母提需求，比如想吃妈妈做的拿手菜，想和爸爸下一局棋，这些简单的小事都能让他们感到自己仍然被我们需要，从而增加他们的幸福感。

5. 支持父母的兴趣爱好

父母到了退休年龄，习惯了忙碌生活的他们可能无法一下子适应闲下来的生活，心里会忽然空落落的。这时，我们要主动帮助父母找一些事情来做，或者帮助他们找到属于自己的爱好，丰富他们的生活。如果他们已经找到自己喜欢做的事，要全力支持。比如，支持妈妈跳广场舞，既锻炼身体，又充实生活。

6. 支持父母的"求知欲"

新科技层出不穷，父母的思维模式可能会跟不上，但只要他们对新鲜事物抱有好奇心，我们就要主动帮助他们。可以带他们接触新科技，当他们有疑惑时，耐心细致地讲解给他们听，鼓励他们跟上时代潮流。

帮助父母保持学习状态，他们会非常开心。父母开心了，整个家庭氛围就会更好。

无论何时，家庭都是我们强大的后盾，经营好家庭关系，是一个人成熟的标志。在幸福的家庭中生活，我们的每一天才更有意义。

Chapter 8　生活篇：制定一份美好生活指南

长得漂亮是优势，活得漂亮是本事

1995年的冬天，杨澜在国外留学，外出找工作，因为穿着打扮太过随意被面试官拒绝，而后又因为日常行为不够优雅被房东太太赶出家门。有天，她披散着头发，将大衣裹在睡衣外面就冲了出去，闯进一家咖啡馆。

侍者用奇怪的眼光看着她，坐在对面的老太太递过来一张便签纸，上面是一句漂亮手写体的英文："洗手间在你的左后方拐弯。"

当她从洗手间再次回到座位时，老太太已经离开，只在桌上留了一句话："作为女人，你必须精致，这是女人的尊严。"

在此之前，杨澜一直认为自身的能力最重要。但没有得体的外表，她根本得不到展示能力的机会。

这段经历让她明白，得体的外表是对自己的尊重，也是对他人的尊重。她在文章《我为什么相信以貌取人》中说："没有人有义务必须透过连你自己都毫不在意的邋遢外表去发现你优秀的内在。你必须精致，这是女人的尊严。"

活得漂亮是所有人的追求，想实现这个目标，得体的外表是第一步。

我做记者的时候，采访过很多商业精英，他们各有各的不同，但有一点是相同的，那就是他们永远保持着亮丽的外表，看起来让人赏心悦目。

很多人说，漂亮的外表是给别人看的，我何必趋附于别人的审美？漂亮的确是别人可以看到的，但它绝不仅仅是一种外在体现，它是一种生活态度，一种自律的表现。

对于女孩来说，如果你需要化好精致的妆容再出门，那你至少要比平时早起半小时；如果你必须衣着得体而优雅，你需要花时间用心挑选和搭配服装；如果你要保持完美的身材，就必须坚持运动，控制饮食。精致是自律后的结果。越精致的人，越自律；越自律的人，越精致。

天生丽质当然是一种优势，长相一般的人也可以有得体的外表。

首先，重视基础护肤。护肤品不必多昂贵，重要的是品质有保证且适合自己。皮肤干净清爽，整个人的气色会有很大的提升。

其次，对女孩来说，要学会化妆。你不必浓妆艳抹，轻淡而自然的妆容足够应对大多数场合。

再有，选择一款适合自己的发型。发型是人的第二张脸，合适的发型能有效提升整个人的气质。

另外，讲究穿着。不必穿名牌，第一要求是干净整洁，第二要求是适合自己，第三要求是搭配合理。如果可以的话，形成自己的穿衣风格，让服装成为你的标志。比如，常穿旗袍的女人和永远一身商务套装的女人，给人留下的印象绝对不一样。穿西装的男人与穿运动衫的男人，给人的感觉也不同。当你形成了独特的穿衣风格，别人一看到你，就想到你的风格，一看到这类风格的服装就能想到你。

最后，坚持运动。运动能帮我们减掉多余的脂肪和赘肉。除此之外，运动后会产生一种叫作多巴胺的激素，而多巴胺能带给人快乐。

漂亮不仅指长相，还包括气质、谈吐、为人处世的态度等。一个身姿挺拔的人，不需开口就能将自信展现得淋漓尽致；一个经常将"您好""请问""谢谢""对不起"等礼貌用语挂在嘴边的人，给别人留下的印象一定不会太差；一个懂得替别人考虑、说话做事都留有余地的人，她的身边一定不缺少珍惜她的人。

我采访过一位女性作家，她无论与谁相处，都谦和有礼。对待路边陌生的环卫工人，也会礼貌地致谢。

她的朋友不解："打扫卫生是环卫工人的职责，即使你不道谢，他也必须完成工作啊！"

这位作家说："他们每天很辛苦，也许我的一句谢谢能让他一整天都充满能量。"

赠人玫瑰，手有余香。一句简单的致谢，一个善意的微笑，都是一次善举，也都体现了自我的修养。

活得漂亮，体现在精致的外形，体现在优雅的言谈举止，还有最重要的一点，就是勇敢做自己。

做自己，听起来好像很简单，无需付出什么，只要顺其自然即可。但实际上，做自己需要勇气，更需要付出一番努力。

如果你想成为作家，就意味着你需要长时间埋头写作，甚至多次尝到被拒稿的滋味；如果你想在工作中有所成就，就需要拼上无数个日夜，把专业做到极致；如果你希望成就美满的生活，也需要学习平衡家庭与事业的关系，能够经营好亲密关系。

你看，做自己喜欢的事，依然需要毅力，需要长久的努力。

多年前，我最好的朋友思思准备做记者的时候，她的父母并不完全支持她，而是希望她选择一份更加安稳的工作，但她毅然决然报考了记者专业。开始实习后，她不好意思向父母要一分钱。但如今，她已经成为记者行业中的翘楚。如果当初她没有坚持做自己，也就不会有今天的一切。

勇敢做自己，并不是一件简单的事，却是一件幸福的事。**为喜欢的事投入，为喜欢的人倾心，活出自由，活得漂亮。**

就像著名的奢侈品品牌香奈儿的创始人Coco Chanel女士说的："我的生活不曾取悦我，所以我创造了自己的生活。"活得漂亮的女人，都懂得创造属于自己的生活。

往后余生，愿你也能活得漂亮，成为一个更有魅力的人。

定期旅行和读书，是为了身体和灵魂一直在路上

2014年，张静初的《脱轨时代》上映。

与一些当红小生不同，张静初拍电影的频率并没有那么高。一次闲谈，我问她2013年都做了哪些事。听完我的问题，她认真地回答："你信吗？我真的是去旅行了。"

她说，她去了台北。在一家店前排了一小时队，只为了买一块有名的酒酿桂圆面包，她钻进各种小吃店，尝当地有名的螺肉和鹅掌。

她说，她去了西藏。喝到了藏民们最爱的酥油茶，吃了人参果酸奶，还躺在海拔3800米的温泉池里，一边看青松蓝天，一边听流水潺潺。

看到她说话时脸上的喜悦，我真心为她感到高兴。旅行不在于吃到多美味的食物，也不在于看到多美丽的风光，而在于保持着身体和灵魂一直在路上的状态。

我常常想，旅行的意义是什么。

有人说，旅行不过是从自己待腻的地方去到别人待腻的地方。但我想说，只是去到一个地方，那只能叫旅游。旅游与旅行最大的不同，就在于旅游只是带着眼睛和双脚，而旅行还要带上灵魂和梦想。

平淡是生活的常态，旅行是生活中的插曲。当平淡的生活中遇到不如意时，放下一切，去旅行吧。旅行是一种自我解放，它能让我们看清方寸间的桎梏，用更开阔的心态面对生活。旅行是令人着迷的，一路上遇到的惊喜都能带给内心一定的启发，那是我们源自内心的成长与蜕变。在日常生活中，我们可能忽略了一些细小却重要的事，旅行会把这些小事放大，

提醒我们该在意什么。

旅行是一面反观镜，它能让我们看清自身的渺小，以及世界的广袤。你会发现从前从未留意过的美好，甚至重新认识你自己。最神奇的是，当你结束了旅行重新回到熟悉的生活时，你会发现之前让你烦躁不安的事情也不过如此，并不值得你耗费太多心力。

古人说，读万卷书，行万里路。旅行是让身体在路上，而读书，是让灵魂在路上。

认识白帆，是在去台湾的飞机上。那天，她穿着一身米白色的休闲服，金黄色的长发被随意绑成一个马尾，整个人看起来是那般随意，却又神采奕奕。

我随手拿出背包里的那本《水问》，看到我手上的书，她的眼神里流露出异样的惊喜，然后从包里拿出一本《胭脂盆地》，笑容明媚地对我说："好巧，我也喜欢简媜！"

一路上，我们从简媜聊到文学，从文学聊到台湾，又从台湾聊到各自的生活。

我发现，她竟然是一个活得如此恣意的人，去过许许多多的国家，体验过不同的生活，有广博的见识。而她说出这一切时，没有丝毫炫耀的成分。这些过往，像是一种底色融进了她的血液里，然后从举手投足、一颦一笑中自然地流露出来。那般不经意，却光彩照人。

在接下来的半个月里，我们在台湾结伴旅行，两个人捧着一张大地图在高低起落的小巷子里七拐八拐，迷路了就干脆找个咖啡馆或者小吃店坐下来，要不就跟那些街头巷尾晒太阳的大爷大妈闲聊。

在那半个月的时间里，我明白定期读书的习惯会让我遇到更多的同道，也能让我看到更多生活的美好，否则，即便在旅途中遇到白帆这样的女子，也会因为阅读量匮乏而与她擦肩而过。

我们读过的书，都藏在气质里。

读书不像旅行，旅行的收获是快速直接的，读书的收获却是漫长的。有时候，一本书读完，当下不会有什么特殊的感受，但过上一段时间，你可能会忽然想起书中的某句话，忽然明白书中的某个道理。

读书很像储蓄，但能否获得收益，不仅在于是否读书，更在于是否深入思考。读书如果仅仅停留在读的阶段，书中的内容再精彩，也始终是别人的。只有在读书的过程中加入自己的思考，在生活中践行书中的道理，它才会真正变成我们自己的东西。

读书是一件有意义的小事。定期读书，并非是没日没夜地扎在书海里，而是每晚、每两天、每周选出一个固定时间来阅读。让我们暂时忘掉世俗的生活，在书中感悟作者笔下的人生。这些从书中读来的道理又能在生活中得到印证，每到此刻，你就能真切地感受到，读过的书已化作你的血液，成为促使你更加勇敢的力量。

再丰富的日常生活也有一定的局限性，聪明的人该懂得从这局限中跳出来，或读书或旅行，让身体和灵魂始终在路上。

身体和灵魂在路上的人，他们能在命运的打击下越挫越勇。生活越是贫瘠，就越能从贫瘠上开出一片花海；现实越是压抑，就越能在压力下爆发出耀眼的精彩。

生命只有一次，每个人亦沿着自己的生活轨迹踽踽独行。读书和旅行是体验不同人生的机会。**选择读书和旅行，并不是要让生活发生什么天翻地覆的变化，而是给自己打开一扇窗，不仅能看到眼前的生活，还能看到遥远的星空和心中的梦想。**

健康运动是建立完整体系的重要一步

苏苏是我在健身房认识的朋友，见到她的第一眼，我就忍不住赞美她的身材，说简直可以用"完美"来形容，苏苏很大方地笑了。相熟之后她对我说，她曾经是一个160斤的胖子，决定通过运动减肥是在闺密的婚礼上。看到那些身材曼妙的小姐姐们，她总觉得老公更愿意把目光放在那边，而对抱着孩子又身材臃肿的她，不愿意多看上一眼。

减肥成功后，她变得更美丽、更自信，仿佛老公的目光也更长久地停留在她身上，夫妻关系都变得更亲密了。

苏苏说："我一直以为我老公是因为我变得漂亮了才重新爱上我，后来他对我说，他爱的不是身材更好、外形更漂亮的我，而是愿意作出改变，积极向上的我。"

苏苏的话无意中说出了运动的意义。表面上，运动改变了我们的身体。实际上，运动也在改变我们的心灵和意志。

运动时，我们甩掉的不仅是赘肉，还有那个懒惰、消极、安于现状的自己。运动不仅让我们的身材变得更好，更赋予了我们自信和面对生活的积极态度。

每天抽出一小时练瑜伽，活动筋骨，打通经脉，调理气血，出汗排毒，让我们的身体线条更柔美。通过静静地冥想，感受身体放松时带来的平静之感，让我们的心态更健康。瑜伽逐渐成为一种生活方式。坚持练瑜伽的人，都是自律的人。

羽毛球是一项综合运动，需要快速跑动，大力挥拍，频繁活动手脚。

打羽毛球还能缓解"办公室病"，像脖子不舒服、肩膀僵硬、手腕疼痛等问题，都能通过羽毛球运动得到一定的缓解。美国乔治亚大学研究发现，打够30分钟羽毛球，还能让人感觉到浑身的肌肉"清醒"过来，整个人因此充满能量。

运动还能提高我们的免疫力。食不果腹的年代早已过去，可运动却逐渐成为现代人的短板。2020年的疫情让更多人开始重视起免疫力的重要性。人体通过免疫系统来抵御病毒的入侵，想要增强免疫力，无非合理饮食和适当运动。

我做记者时，做过一期关于健身房加盟商的访问。受访对象透露，在办理健身卡且预约健身课程的客户中，只有不到10%的人能如期完成训练计划。

听到这个数据，我有些意外，因为我本人是有定期健身习惯的，而且已经坚持4年。不管多忙，我都会抽出时间来健身，实在没时间去健身房，我也会在家里做几组瑜伽，或者做一些无氧运动。

那次访问结束后，社里决定找一位健身达人做专访，我跟另外一名同事接下了这次采访任务。

"找您请教健身问题的人都会问些什么类型的问题呢？"采访一开始，我就笑着将问题抛给了对方。

"你们的采访倒是别出心裁，平时我都是解答问题，这次却要给出问题。"健身达人笑得很灿烂，"不外乎运动多久能瘦；运动一周能瘦多少斤；我坚持不下去怎么办；我每天运动，为什么体重没有变化。类似这些。"

"那这些问题，您都是怎么回答的呢？"同事紧接着问。

"其实，大家对运动、健身的认识还是存在误区的。"健身达人看起来有些无奈，"运动对瘦身只能起到辅助作用，它真正的目的是让大家保持健康。况且每个人的体质都不一样，各年龄段的代谢速度也不一样，'运动能瘦多少斤'这样的问题是没有一个准确答案的。"

正如健身达人所说，运动对我们最直接的帮助体现在健康层面，瘦身、塑形、减脂、增肌等做法都是为了让我们拥有一个更健康的身体和更强大的免疫系统，这只是途径，而不是目的。

那么，适合大多数人的运动类型有哪些呢？

1. 游泳

游泳可以减肥，可以锻炼肺活量，这是众所周知的事实。除此之外，游泳还能让我们的身体线条更加流畅，皮肤看起来更年轻。不过，游泳时要避免鼻腔入水，结束后也要注意保暖，避免受凉。

2. 拉伸运动

很多人将拉伸运动看作无氧运动后的辅助运动。其实，常见的拉伸运动的种类有很多，如高抬腿、压腿、跳跃、后踢腿等。这些运动可以单独做，也可以几个合为一组来做。拉伸运动能帮助我们放松身体，还能塑形。

3. 瑜伽/健美操

作为有氧运动，瑜伽和健美操受到了很多人的追捧。因为这两项运动可以让我们的身体更加协调、匀称，也可以提高身体素质，对预防疾病有很大帮助。

运动首先是为了健康，为了提高免疫力。

运动还是一种排遣压力的绝佳方式。当你沮丧时，与其大闹一场，不如大跑一场。挥汗如雨后，你收获的是内心的平静。

用正确的态度去接触运动，让运动成为生活中不可缺少的一环。毕竟，健康运动是帮助我们建立完整体系的重要一步。

仪式感，让生活变得精致

越来越多的人提倡生活要有仪式感，但仪式感究竟是什么？

我最喜欢的回答来自《小王子》，狐狸说："仪式感就是使某一天与其他日子不同，使某一个时刻与其他时刻不同。"

美剧《绝望的主妇》里有一段台词："无论身心多么疲惫，我们都必须保持浪漫的感觉。形式主义虽然不怎么棒，但总比懒得走过场要好得多。"

我赞成生活需要保持浪漫的观点，但我不同意她对仪式感的解读。仪式感不等于形式主义，真正的仪式感，应该是走心的。就像爱情可以用玫瑰来表达，换用蜡烛来表达，爱情一样存在。仪式感，更多的是指品位与心理。

从品位上讲，不在意茶叶味道的人通常会将茶叶一把扔进玻璃杯，而喜欢品味茶叶的人，则会用考究的茶具和复杂的工序来冲泡茶叶；不在意咖啡味道只求提神醒脑的人通常会买一包速溶咖啡冲泡饮用，但将饮用咖啡作为享受的人，则更在意咖啡的口味，他们会精挑细选咖啡豆，或粗磨或细碾，然后选择不同的水将咖啡煮好后慢慢品味。

这些看起来繁琐的过程，是一个静心的过程，一个享受的过程。对爱茶和爱咖啡的人来说，在茶与咖啡的香味萦绕下，心情会慢慢变得不一样。

从心理上讲，仪式感更像一个按钮。我们早上起床上班，如果早点起来洗漱打扮，然后穿上一身干练的职业装出发，就等于按下了"即将工作"的按钮，帮助我们尽早进入工作状态。对于匆忙踩点上班的人来说，进入工作状态又需要一定的时间，这就是仪式感带来的差距。

当然，仪式感对应的还有品质。不少人对电影电视里优雅的贵族生活心生向往，但其实，我们普通人也能过上有品质的生活。不过，就像刘禹锡在《陋室铭》中所写的"山不在高，有仙则名"，过有质量的生活并不等于一掷千金，精神上的自由与品位才是更加重要的因素。

要过上有仪式感的生活，首先要学会舍弃目前的糟粕。

你的手机和电脑中可能安装了太多"谋杀"时间的软件，你的社交软件上可能也关注了不少"负能量携带者"。在适当的时候，我们该选择清理生活，屏蔽掉一些不能带给你积极影响的朋友，扔掉一些坏旧物品，清理掉一些引起你不快的文字，打开你的心窗，让自由的风透进来。

仪式感其实很简单，只要你想拥有，你就能做到。

你可以在晴好的天气里坐在窗边，准备一本喜欢的书，放几首喜欢的曲子，任阳光在你的衣襟上跳跃，让纸间优美的文字和音乐声一起轻轻抚触你的大脑，总有那么一瞬间，你的心灵被深深触动了，也说不清是文字的魅力、乐曲的回响，还是那天阳光正好。这是在忙碌生活中，给自己留有独处空间的仪式感。

你可以在周末的闲暇约会，穿上最漂亮的裙子，在身上喷洒些最喜爱的香水，和心爱的人静静对坐。在桌上放一小束鲜花，让整个房间被一抹生命色彩点亮。你们一起回忆相恋的时光，或诉说日常。这是在平淡的日子里，让彼此心灵交流的仪式感。

仪式感不是少数人的特权，不是金钱的堆砌，更不是形式主义。出门买一个烤红薯果腹不需要花费太多金钱，但花费一些心思选购到品相最佳的烤红薯，也叫用餐的仪式感。

仪式感的体现，也许是你夹在书页里的那片枫叶，也许是木头玩具枪上刻着的那颗红星，也许是相爱纪念日那天精心打扮的自己。真正有仪式感的生活，是不被世俗的目光绑架，不陷入欲望的泥淖中无法自拔，而是用心品味生活，寻得一份在意与看重。

我周围不乏注重仪式感的朋友，他们有各种各样的雅好。

韩女士有一串菩提子，不知经过了多少次的把玩，已经渐渐变成墨绿色。捧在手里仔细端详，菩提子温润饱满，泛着淡淡的宝石般的光泽。

我们都对她歆羡不已，很多文玩雅士也前来取经："您用了怎样的魔力，把这串菩提子变得如此有光泽？"

韩女士只答四字："静待花开。"

生活中的仪式感，有时候只是一种心境。

仔细回想一下，我们有多少本该丰富多彩的周末浪费在了睡懒觉上？偶尔约三五好友在湖边赏花，或精心打扮一番去欣赏钢琴音乐会，这不就是仪式感吗？生活中的仪式感，就是回归到欣赏生活本来的样子上，这原本就很简单。

周作人曾在《雨天的书》中写道："百余年前日本有一个艺术家是精通茶道的，有一回去旅行，每到驿站必取出茶具，悠然的点起茶来自喝。有人规劝他说，行旅中何必如此，他答得好，'行旅中难道不是生活么。'这样想的人才真能尊重并享乐他的生活。"

只要有一颗热爱生活的心，生活中处处可以有仪式感。仪式感不必非要等到情人节、生日这样的节日再重视起来，平常的日子也可以有别样的风景。

仪式感，就是对于自我的一个重新发现。想要过上有仪式感的生活，就多听取内心的声音吧。以现实的条件和环境，如何实现最美好的生活，这不是从与他人的比较中得来，而是丰富内心世界的外现。

因为有了对生活的热爱，我们才能用最简单的方式，过上最有仪式感的生活。

做好这些，让你成为一个懂生活的人

我采访过一位财经行业的女老板Carlos，那天是周末，所以她把我约到她家里。

在采访之前，我看过大量的资料，得知Carlos是位雷厉风行的女强人，从创业之初到把公司做得风生水起，她有过不少传奇故事。

当我踏入她的家门时，我惊呆了。呈现在我眼前的是一间四面环书的客厅，沙发上铺着柔软的布垫，落地灯被随意地摆放在角落，两只猫依偎在地毯上睡觉。再往前看，一排木制吧台，吧台后面是开放式厨房，厨房里各种炊具应有尽有。

这风格，与我想象中的格格不入。

Carlos给我的印象太深刻了，我想，这就是懂生活的人吧。懂生活的人，总会知道什么是自己想要的，会为自己寻找一片乐土，一片舒服的小天地。

我们常常觉得自己的生活就是一地鸡毛，但把一地鸡毛收拾整齐，也可以变成一件高雅的艺术品。只要我们懂生活，让生活融入我们的方方面面，那生活自然会回馈我们。

我看生活多绚丽，生活看我应如是。

很多不懂生活的人，其实并非有那么忙碌。他们习惯将工作之余的时间用在补眠、宅居、刷各种社交软件上面。转瞬即逝的休息时间被无意义的消遣占满，大部分的鸡毛，都是我们一手造成的。

让自己拥有一颗渴望改变的心，培养好的生活习惯，这样才能真正拥抱生活，享受生活。下面是6条享受生活的建议，分享给大家。

1. 养成早睡早起的好习惯

懂生活的人，一定是有良好习惯的人。早睡早起，能保证第二天精力充沛，也能让我们才思敏捷。早睡能修复我们的肌肤，调节我们的内分泌，积蓄我们的精气神。早起能帮助我们更早开始新一天的生活，让我们有足够的时间洗漱、晨练、吃早餐，也不影响接下来的工作、休闲等活动。

2. 女孩要学会适度用妆容展现美，但不要修饰无度

妆容的可贵之处在于，适量的美妆和高超的手法能恰到好处地将一个人的美发挥到极致。而过分夸张浓艳的妆容不止损伤肌肤，也会让女人的外在形象显得很不自然。妆容以人为主体，能突出自己的优雅气质、突出优点的美妆才是成功的妆容，不能让妆容"喧宾夺主"。所以，懂生活的女孩一定要懂保养，要会化妆，但不要修饰无度。

3. 懂生活的人不会买不适合自己的服装

别人穿起来好看的衣服，穿到自己身上未必好看。可当流行款式到来、人人都在追赶潮流的时候，我们还是会忍不住跟风购买。其实，选衣服是一门学问，潮流可以跟，但要有选择性地跟。高级的穿衣准则之一，就是只穿适合自己的衣服。选衣服时，要考虑衣料的质量及质感、自己的身材比例、身形的优缺点、肤色等。最好做到放大长处，掩盖短处。

4. 惜言如金，不拉扯是非、飞短流长

外表再漂亮的人，若是经常三五成群地讨论东家长、西家短，也未免让人感觉俗气。即便不是有意搬弄是非，常言"言者无心，听者有意"，有时候我们的无心之言可能成为日后引起不必要冲突的"炸弹"。永远不要在背后议论别人，并远离喜欢说长道短的人。懂生活的人会温暖世界，也能忍受孤独，他们不会搬弄是非，也会因此获得大家的尊重。

5. 懂生活的人会爱自己

懂生活的人不会把自己的幸福寄托在别人身上，他们懂得爱自己、取悦自己，懂得只有给自己足够的爱，才能得到他人的爱。生活不易，冷暖自知，我们更应该对自己好一点。无论何时，永远不要把幸福的权利交在别人手上，哪怕是我们的父母、伴侣、孩子，毕竟，来自他人的爱永远代替不了对自己的宠爱。

6. 懂生活的人需要以气质提升自己

气质来自读过的书、走过的路、见过的人。我们为人处世，要有足够的经历和见识，才会对自己更了解，对他人更宽容。有更多内心力量的支撑，我们才能在岁月的打磨中变得温润成熟，坚强独立，于这世间绽放出独有的光彩。我们的高贵气质不取决于财富资本，而在于作为一个鲜活的生命展现给世界的独特精神。

成为一个懂生活的人，并非要求我们读懂、读透生活这本大书。生活是无数日常细节的呈现，只要真心接受最真实的生活，就能在今后的日子里享受生活，逐渐成为一个懂生活的人。

Chapter 9　财务篇：做一个财务独立的女人

什么是财务自由？

"财务自由"这个概念，引自西方投资理财中的"financial freedom"一词，指的是人无须为生活开销而努力为钱工作的状态。换句话说，就是你的资产产生的被动收入超过或等于你的日常开支。如果你已经达到这种状态，恭喜你，你就是财务自由者了。

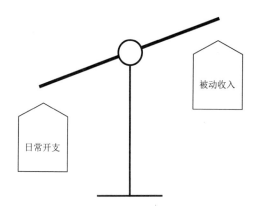

什么叫"被动收入"？我们在日常工作中，用投入时间的方式换取金钱，称为主动收入。而被动收入，就是不需要花费时间而自动获取的收入，也被称为"睡后收入"——即睡觉时也能获得的收入。比如，出版一本书，假如这本书能持续畅销十年，在这十年的过程中，你不需要为它投入时间，它却能源源不断地给你带来收益。再比如，把不需要居住的房子租出去，你不需要做什么，就可以按月收取租金；或者选择一种不错的理财方式，坐在家里喝着咖啡，也能定时收取分红。

当"睡后收入"完全可以应付日常支出时，你就基本实现了财务自由。总的来说，财务自由的标准并不高，概括起来有以下4条：

1. 不必为钱而工作

大部分人工作是为了获取收入，因为我们需要用这些收入来维持日常生活，比如房贷车贷、日常生活开销、朋友之间的人情往来等。如果没有收入，你还会继续目前的工作吗？如果不会，那你显然是为了钱而工作；如果会，那你可能正在迈向财务自由。

巴菲特是公认的股神，他之所以能缔造财富传奇，并不是因为他把目光全都放在财富上，也就是说，他不是在为钱工作。相反，比起关注股票的价格，他更有兴趣关注企业的价值。当他发现一家价值高的公司时，他会选择注入资金，财富就是随之而来的事情。

2. 不工作的时候，仍然有收入

不通过工作而所获取到的收入，就是前文提到的被动收入。被动收入可以来自房租、股票收益、债券利息等。但不是所有有被动收入的人都是财务自由者，关键的指标是：被动收入是否大于日常支出。

有些人有一些闲置房产，把这些房产出租收取租金，但每个月的租金要用来还车贷、给孩子交学费，而日常吃饭穿衣的开销需用工资来支付，因此不能算财务自由者。投资理财也是一样。如果每年无法在理财中获得红利，或者获得的红利无法支付日常开销，也不能算作财务自由者。

3. 有一定的净资产

被动收入与日常支出维持平衡，是财务自由的基本标准。在此标准上，财务自由者通常有一定的净资产。所谓净资产，就是所有收入减去日常支出所剩余的、可以自由支配的财产。如今，净资产大于1000万的人，被称为高净值人士。假如你想成为高净值人士，但你的目标定在20年后实现，考虑到通货膨胀等因素，你的净资产标准还需要有所提升。

4. 保持一颗平常心

我们之所以想实现财务自由，更深层的目的是希望自己能实现身心自由。什么是身心自由？身心自由即身体和心灵的双重自由。身体的自由是不需要靠工作获得收入，心灵的自由却没有固定的标准。但最起码，心灵自由的基础是保持一颗平常心。没有财富，一定不自由，但有了财富，也不一定真正自由。

实现财务自由后，我们不必为朴素的生活方式感到羞愧，因为我们不需要用外在来证明自己的价值，我们不必通过炫耀财富的方式获取他人的尊重，因为我们的人格已经极具魅力。

财务自由只是途径，心灵自由才是最终的目的。实现财务自由的终极意义是，不必因财富的不足而束缚了心灵的自由。

财务规划的"4321定律"

爱因斯坦说："复利是世界第八大奇迹！"这里的"复利"，指的是投资理财过程中的以利生利。

假如理财的年投资回报率是10%，坚持每年投资，25年后，资产可以翻10倍。以100万为本金来计算，25年后会变成1000万，50年后会变成1亿！而这只是按照普通复利标准来计算，如果中间根据实际情况作出追加投资等调整，收益会更加可观。

照此看来，人人都可以实现财务自由。

想要实现财务自由，首先，要做点规划。

在规划之前，你要确定自己的财务情况。最重要的一点，就是比较你的收入与支出。如果你是一位上班族，那你的收入来自薪资，假如你已经接触理财，那你可能还有一些理财收益。你的支出可能包括房租、房贷、车贷、日常生活开销等。如果你的收入和支出刚好持平，那你目前的财务状况还有待提升；如果你的收入不足以支撑支出，那你就要多花点心思来做出你的财务规划了。

了解了自己的财务情况，就可以开始着手做财务规划。

合理的财务支配比例应是这样的：

用来理财的钱，占比40%。

日常开支，占比30%。

以备不时之需的备用金，占比20%。

用于风险防范的支出，比如保险，占比10%。

简称"4321定律"。

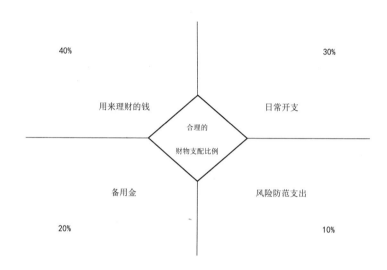

在做财务规划时，可参考"4321定律"，来决定拿出多少钱参与投资理财。

具体的理财规划可参考以下四个步骤。

1. 为每个阶段定下计划

对于支出大于收入，或者支出与收入相差不大的人，可以养成记账的习惯，关注自己的支出流向，找出支出过多的原因。

记账也并不需要事无巨细地记，毕竟，对大多数人来说，每一笔开支都记在账单上，的确是很麻烦的一件事。现在是"无纸币"时代，为方便了解自己的支出情况，可以只使用一张银行卡，或者只使用一款支付软件，月底的时候，看看自己在哪个方面的支出最多，有没有不合理支出。掌控了自己的支出情况，也能对自己的支出作出合理的调整。

当你了解了自己的支出情况后，就可以做出具体的理财计划。参考"4321定律"，决定具体多少钱用于理财，多少钱用于保险资金，多少钱用于日常支出。

对于日常支出的部分，如果每月有结余，可以单独存入一个账户，比如短期理财的各种"宝"，也能获取一定的收益。当某个月的日常支出超出预算时，就可以在这个单独账户上支取，不至于影响总体的理财计划。

2. 搭建理财框架，逐渐丰富细节

如果你习惯了毫无约束地消费，刚开始按照计划量入为出的日子可能不大好过。所以，刚开始，你只需要一个理财框架，不要有太多具体的限制。当基本框架能够顺利执行后，再逐步丰富细节。比如挑选更好的理财项目等。

计划实施的过程中，未必能事事如意，但挑战有多大，最终获得的成就感就有多大。保持一颗平常心，用学习的心态面对最初的理财历程。

3. 选择适合自己的理财方式

每个人都是独立的个体，有自己的偏好与习惯等，在理财方面也一样。有一定的规划能力是理财的基础，除此之外，情商、想象力、判断力、感受力和理解力，都能在某种程度上提升你的理财效果。如果你的情商很高，对数字很敏感，那你可以金融投资为主；如果你很感性，更倾向低风险的投资，可以购买低风险基金为主。

理财项目无优劣之分，形成自己独特的理财思想最重要。当你有了一定的理财思想，才能更好地制订和实施自己的理财计划。

4. 多向他人请教

刚开始学习理财时，可以多向有经验的人请教，了解他人的理财思路，也可以请别人帮你梳理理财计划。

当然，你的请教对象要有一定的理财能力，并且，他要乐于分享，还能给你提供实际的建议。

对自己负责，不要做高收入的"穷人"

Lisa是我认识多年的朋友，80后，月收入12000元，是个不折不扣的白富美。

每次见她，她都戴着奢侈品配饰，流行服装和化妆品总是刚上市就买到手，化妆台上的口红多到数不清，护肤品也都是国际知名品牌。

但有一天晚上，Lisa忽然发消息给我，问我借10万元急用。

按照Lisa的收入，10万元的积蓄应该不成问题。那时我才知道，工作多年，Lisa只是表面上过得精致，实际上是个"月光族"。

近几年流行着一个新词，叫作"新穷人"。指的是受过高等教育、工作于高档写字楼、外表光鲜亮丽，但消费与收入不成比例，工作很多年却没有积蓄的年轻人。

像Lisa这样精致的白富美，从外表来看，无论如何也看不出与"穷人"二字有什么关联。但究竟是什么原因，让Lisa这样的女孩成为高收入的"穷人"呢？

1. 购物跟随潮流

商家为了促进销量，会设置很多噱头，"限量款""潮流品"层出不穷，宣传广告更是紧抓大众心理，让消费者毫无抵抗力。但新款、潮流款、限量款通常不便宜，每个月的工资绝大部分花在这方面，存款也就成了不可能的事情。

2. 崇尚精致生活

对每个人来说，消费都能带来快感，特别是对于把精致生活理解为购买更昂贵产品的人，精致消费更能带来满足感，认为花更多的钱买来更昂贵的东西，就能带来生活品质的提升。

3. 拒绝理财

从短期来看，理财的收益是微乎其微的。尤其对于习惯性消费的人，几千块的消费能带来的快感，远远大于理财收益带来的快乐。宁愿选择消费，也会拒绝理财。

正是基于以上三种原因，社会上出现了越来越多高收入的"穷人"。如果高收入的"穷人"想要改变现状，该怎么做呢？或者，如何避免成为高收入的"穷人"呢？

1. 控制消费

所谓的精致生活，不应该仅仅通过购买价格昂贵的商品来获得。而精致商品，也不应该仅仅指价格昂贵的商品，而应该是能给我们带来更大价值的商品。一件商品做得再精致，外观再漂亮，如果你使用它的频率很低，甚至买来之后根本就没有用过，那它对你来说也毫无价值，反而占用了你家里的空间。这种价值不大却白白占用家庭空间的商品，并不能称为精致商品。

真正的精致商品，应该是使用频率高且效果好的商品。它能真正带给我们价值，且不会成为我们生活中的负累。

控制消费，主要是控制购买这类商品。在消费之前，你可以先问自己一个问题：这件商品，我会使用几次？对于低频使用的商品，要减少购买量，甚至可以不购买。如此，做到控制消费，避免成为"月光族"。

2. 学习理财

《薛兆丰经济学讲义》中有一段话我很喜欢，书中说："一块奶酪是羊奶做成的，它的味道比羊奶更加甘醇，价格也比羊奶更贵；一块十年的茶饼，它的价格要比新茶高很多倍；红葡萄酒是葡萄做成的，它的价值也比葡萄高出很多。"

这段话的意义是什么呢？就是告诉我们，眼光放得越远，收获就越大。

复利就是这样。理财的最初，收益增长非常缓慢，但一旦到达某个高点，收益的增长速度会直线上升。

在当下的消费与未来的储蓄规划之间，不妨用复利的思维来思考问题，把眼光放得长远一点，从现在开始理财。

理财没有门槛，而且是越早越好。

3. 定下一个小目标

爱花钱是一种惯性。想要逐渐改变消费习惯，并树立起理财意识，就要给自己定一个目标，尝到改变带来的甜头。

目标最好不要太大，而且一定要具体。因为目标太大容易丧失信心，不够具体也不足以从中获得成就感。比如，你可以先定下"三个月时间攒钱买一个新的笔记本电脑"等类似的目标。这样的目标，有具体的时间，也有具体的结果，更容易实现。如果第一个目标顺利达成，就可以定下一个目标了，后面的目标可以把时间适当地拉长，比如"五个月后带家人出国旅游""年底拥有3万元存款"等。

有了这样短期的、具体的、挑战性不是很大的目标，是不是就有实行的动力了？

4. 确定规划并一步步实施

定下小目标后，就要做出具体的规划，并且一步步实施。在实施的过程中，你会遇到很多问题，比如，本打算拿出2000元理财，但朋友邀请外出旅行，理财计划遇到了阻碍。这时，首先要反思自己的计划是否合理，是否过于理想化，没有为现实中的意外状况留出余地；然后要判断影响计划的因素是什么，为了这个因素打破原有的计划是否值得。

如果在计划实施的过程中感到难以坚持下来，那就回到上一步，默念你的小目标，或者把目标写在床头，每天都能看到它，以此激励自己。

　　如果依然担心自己无法坚持下来，也可以找亲朋好友，或者在网上结识"同道中人"一起努力。互相加油鼓励可以帮助你更轻松地实现目标。

　　相信你你有能力获得高收入，就一样有能力获得高财富！

找到自己"倾心"的投资理财方式

烨烨原本是深圳某知名企业的白领，后来跟随老公来到北京，我们也就有了同事一场的缘分。她跟前文提到的Lisa收入差不多，但她的财商却比Lisa高了几倍不止。

每次跟她聊天，话题总会不知不觉聊到投资上。

比如，有一次我们去看电影，大家都沉浸在电影情节中，只有她边嚼着爆米花边问："喂，你们说，这部电影的票房能破十个亿吗？"这出戏的一句话，让周围的朋友都哭笑不得。

不仅是她，她七岁的女儿也很有财商，烨烨一直给女儿树立正确的财产观念，一边让她做工作领工资，一边引领她学习各种跟经济相关的知识。

让我印象深刻的有两件事：

第一件事，烨烨会让女儿帮她填写报表数据，用计算器计算财务信息，按照劳动量给她发放工资。很多家庭也会让孩子用劳动换取零用钱，但在烨烨看来，做家务是女儿应尽的义务，因此没有工资。而工作是她的额外劳动，因此应该支付工资。

第二件事，她给女儿支付工资的时候，会根据工作质量与工作态度增减工资。当女儿超额完成工作时，她会毫不吝惜地多支付一些工钱给女儿，但女儿必须上报工资的使用方向。烨烨说，孩子对钱有概念，到了社会上更容易立足。

去年过年之前，我去烨烨家拜年，她打趣女儿说："蕾清阿姨最近要买房，你把私房钱取出来支援她一下？"谁知，她女儿干脆地说："可以啊，但我的钱不多，蕾清阿姨打算给我多少利息？"

烨烨是一个理财达人，对女儿的教育方式也很好，会注重培养女儿的理财意识。换一个词来讲，就是注重培养女儿的财商。

工作学习靠智商，人际关系靠情商，投资理财要靠财商。

我常常和烨烨讨教投资理财问题，发现她的投资理财方式很特别，好像独有一套体系。我忍不住问她，这套体系是从哪里学来的？她说，投资理财一开始需要学，后面就要逐渐形成自己独特的模式。就像选择结婚对象一样，选择投资理财项目也讲究"倾心"。

想要找到"倾心"的投资理财方式，第一步是了解自身的生活状况，在具体的状况下将财产规划分为几个方向。比如，要给孩子的教育留出足够的基金，要给自己预留出购置房产的资金，老年的生活也要提前做出一定的保障。这些不同的需求都属于不同的理财方向，需要利用不同的理财产品、投资模式来达成。我们可以参考股神巴菲特提出的"四大投资原则"，来确认眼前的投资是否最适合达成你的投资目标。

1.在你的能力范围内投资

2.注重产业长期竞争优势

3.从稳定中获利

4.选择理性的精英团队

规划出大体的投资理财方向后，就可以开始具体的内容了。

当前最受投资者欢迎的理财产品有保险、基金、股票、定存、房产和外币等。其中，保险、房产和海内外基金是投资者选择最多的三项。

既然要找到"倾心"的投资理财方式，大数据就只能作为参考，最重要的是尊重自己的理财个性。就像有些人在消费时喜欢付现金，有些人则更喜欢刷卡，理财也是如此。有些人不想费太多脑筋，青睐定投和房产等比较省心的理财方式；有些人则喜欢冒险，偏好股票和基金等方式。

　　虽说选择"倾心"的理财方式要以自身的理财个性为基础，但选择具体的理财项目时还需要我们随时留意当前的经济动态，尤其是跟我们的理财偏好相挂钩的经济动态。比如，5G时代的来临将带领直播和短视频进入新一轮"红利地带"，因此可以关注与此相关的行业，酌情进行投资。

　　找到自己"倾心"的投资理财方式并不是理财的终点，我们依然要保持学习的状态，不断提高自己的财商。

　　首先，将投资理财当作日常生活的重要环节。

　　一个具备理财能力的人，会将投资理财当成用餐饮水般日常的事情。他们会将随手翻淘宝的习惯改成随手翻阅理财资讯，不会与人刻意讨论理财产品和投资内容，但是会时刻关注油价、黄金等经济动态，并且从它们涨跌的背后敏锐地捕捉到相应的投资机会。

　　其次，注重"三七定律"。

　　"三七定律"是将用于投资的钱分成30%和70%两部分。这其中，三成的钱可用来做高风险投资，七成的钱用于稳健成本，可以用来储蓄或购买保险等。这样，即便有亏损的可能，也在可承受范围内。

　　最后，培养直面亏损的勇气。

　　就像月有阴晴圆缺一样，投资理财也是有赔有赚的。如果我们只抱着获利的预期而不做亏损的打算，那当亏损来临时，就会被打得措手不及，甚至对理财产生抵触。培养直面亏损的勇气，当亏损真的来临时，我们有应对亏损的心态，要抱着吃一堑长一智的态度，争取下次做到更好。

　　培养自己的财商，找到与自己"倾心"的理财方式，我们就会变成更优秀、更自信的自己。

多变的社会，要懂点财务再懂点法

朋友的姐姐刚刚结束了为期八年的婚姻。

刚结婚的时候，她有一份收入不错的工作，后来有了宝宝，老公说："你专心在家带孩子，我负责养你们俩。"

这句话让她心里很安定，从此做起了全职妈妈。

每天早上5点起床，买菜、洗菜、做饭、洗碗，老公出门后，再扫地、拖地、洗衣服、晾衣服。11点开始准备午饭，下午5点着手准备晚饭，这期间还要照顾孩子。半夜孩子哭闹，她又要起来哄孩子睡觉。

平心而论，做家务不比上班轻松。但她没有收入，也就不好意思跟老公开口买衣服和护肤品。

很快，她就从一个才貌双全的女子，变成了一个"黄脸婆"。

前不久，她的老公出轨了。她还没来得及发火，老公已经不耐烦地提出了离婚，这让她的整个世界瞬间崩塌。

房子是他们在婚前购买的，她出了少部分资金，但出于信任，房产证上并没写她的名字。夫妻双方的其他财产，男方早已偷偷交给了父母。因为她没有收入，孩子判给了男方，自己净身出户。

在法律面前，爱无法衡量。

听了朋友姐姐的故事，我在想，如果她能懂一点财务知识，再有一点法律意识，结果会不会不一样？

婚前最好就把财务算清楚，婚后也要有一定的财务意识。要明确地知道，哪些钱是属于你的，哪些钱是不属于你的。感情是婚姻中的必备因素，但婚姻中也要谈钱，感情与钱都要明确，才能成就幸福的婚姻。

婚姻中，懂点财务知识不是为了占取伴侣的财产，而是给自己一份财务保障。

婚姻中的财产，是夫妻共同财产。尤其对于全职带宝宝的一方，失去工作收入并不意味着失去收入来源，依然有获得收入的可能。其中，理财就是最好的方式。

理财不需要占用你太多时间和精力，一开始，你可以选择收益比较稳定、风险较小的项目。至于理财的本金，可以用丈夫的工作收入，别忘了，那也是你的财产。当然，在使用之前，夫妻之间需要做好协商，在双方都同意的情况下进行。

当然，婚姻中的双方是有感情的，正因如此，我们才会在婚姻中付出金钱和劳动。两个人相爱时，付出是不计回报的，但心里一定要清楚，你在婚姻中的职责是什么，哪些责任和义务是应该由双方共同承担的。

面对婚姻时，一定要将财务与家务问题梳理清楚：

1.如果房子是对方在婚前购买，产权是他的，与你无关。

2.如果房子是婚后购买，无论谁出资，都算作夫妻共同财产。

3.夫妻婚后的收入属于共同财产，两人的每一项财务支出，对方都有知情权。

4.夫妻有照顾双方父母的义务，妻子需要照顾公婆，丈夫也要关心妻子的父母。

5.家庭劳动需要夫妻双方共同承担。

6.如果有孩子，照顾孩子也是夫妻双方的责任，妻子没有义务放弃工作，丈夫也应该承担起家庭的责任。

婚姻中的付出源于爱，我们不可能完全公平地对待婚姻中的每一项财务支出和家务劳动，但心中一定要有共同承担的意识。

没有人是为了离婚而结婚，婚姻中的感情与付出也无法用金钱衡量，但世事无常，婚前最好厘清双方财务状况，能签一份"婚前财产协议"就更好了，可以为日后的任何可能性作出一份基础保障。

相比爱情，婚姻更像是一场合作。所谓门当户对，就是指资源相当，能力相当，三观相同。这样的两个人，才有可能携手并进，共度一生。

《北京女子图鉴》里的陈可，她的老公每次拿到工资后，都拿去吃喝玩乐，根本存不下钱。所以，陈可打算把买来的房子登记在母亲名下。

陈可的婆婆听说这件事后，要求陈可在房产证上加上陈可老公的名字，陈可听到这个不合理的要求后据理力争，拒绝了婆婆。

陈可就是一个有法律意识和财务意识的人。婚姻幸福，法律意识和财务意识能帮我们获得更多财富，过上更好的生活；婚姻不幸，法律意识和财务意识就是我们捍卫自己权益的武器。

财务问题是婚姻中的敏感话题，只有在婚前厘清这些问题，才是真正对自己负责，也对婚姻负责的表现。

Part3

一套生活伴手工具，
整理好你的生活

Chapter 10　效率工具，成功一样需要高效率

时间管理，成功者的 1 万个小时是怎么做到的?

"我真的没有学英语的天分""我真的没有打篮球的天分""我真的没有弹钢琴的天分"……你有没有给自己下过类似的判断?

不知从何时开始，"天分"成了成功者的标配，"没天分"成了不成功的理由。因为不是天才，所以不能成功。这个看起来很荒唐的理由，却成了无数人的口头禅。

但其实，世界上哪有那么多天才呢? 有的只是刻意练习罢了。毕竟，天才也不是生来就会画画、生来就解数学题、生来就会弹钢琴的。

记得有人对我说:"你天生就是吃主持这碗饭的，我一上台腿就发抖，你一上台状态反而更好了。"

我当然不是天生就会主持的，我也经历过腿发抖的时刻。我从第一次上台腿发抖，到第一百次上台时，经过了大量的练习，自然就克服了心里的紧张。

过去，我们看到一个成功的人，往往会说:"这个人有天分。"

但其实，这个世界并没有那么多天才，有的只是熟能生巧。

伤仲永的故事我们从小听到大，那我就讲一个陈尧咨的故事吧。

陈尧咨是宋代神射手，"陈尧咨善射，百发百中，世以为神"，周围人称赞他，他自己也很得意。

一次，他在练习射箭时，周围的旁观者纷纷拍手称赞，只有一个老油翁不以为然。

陈尧咨面沉似水，道："你会射箭吗？你能做到我这样吗？"

老油翁摇摇头："我不会射箭，而且你确实射得好，但你只不过是熟能生巧罢了。"

说完，他拿出一只油葫芦，在葫芦嘴上盖了一枚铜钱，又盛了一大勺油，高高地从铜钱眼中倒进葫芦里，全程连一滴油都没溅出来。

老油翁问："你能做到像我这样吗？"

陈尧咨不服，但也只好摇了摇头。

老油翁不以为然地说道："这也没什么了不得的，因为我是卖油的，熟能生巧而已。"

所谓天才，并非因天赋过人而不必努力，正相反，他们比其他人更努力，只有这样才能达到熟能生巧。

熟能生巧，自然也就能成功了。

有段时间，朋友圈被一个叫"一万小时定律"的概念刷爆了屏。"一万小时定律"是作家格拉德威尔在《异类》一书中提出的定律。"人们眼中的天才之所以卓越非凡，并非天资超人一等，而是付出了持续不断的努力。"其中心思想就是"一万小时的锤炼是任何人从平凡变成世界级大师的必要条件"。

为了证实这一理论的可行性，我做了一项计算：如果想成为金融领域的专家，并从事这方面工作的话，五六年就可以成为金融专家（按照每天工作8小时，每周工作5天来计算）。

但是，还是会有人疑惑："为什么我写了20年的字了，我的字还是这么丑？"还有人会说："为什么我工作10年，我的能力还是没有大的提升？"

那是因为你没有把时间投入正确的方法上，你只是写字，而不是练习写字；因为你每天上班都在应付各种任务，或随波逐流，或抵触工作，并没有做出上进的努力。

那么，"一万小时定律"的正确打开方式是什么呢？

首先，"一万小时定律"的核心一定是专注。

日本著名的"工匠精神"的核心就是专注，在某一领域专注的时间久了，自然就专业了。所以，专注一个领域，选定一个方向，用努力来堆砌时间，仅此而已。

美国著名游泳运动员菲尔普斯，在2008年北京奥运会上包揽八块金牌后，无数媒体都用这样的语言来盛赞他的成绩：菲尔普斯手长脚长，天赋异禀，天生就是块游泳的料子。

但其实，这些媒体没有报道的是：他每天练习游泳8小时，全年无休，且持续了五六年之久。他在游泳池里的时间至少有1.5万小时。正是因为他这样心无旁骛的专注练习，才缔造了奥运史上的奇迹。

同样适用于"一万小时定律"的还有文艺复兴时期的代表人物——达·芬奇。

传说达·芬奇接触画作的契机是一只鸡蛋。他用了几年时间，从不同角度和不同光线下反复地画这一颗鸡蛋，这才打下了扎实的绘画基础。

至于达·芬奇的天才画作，是在至少练习了一万小时后才创作出来的。正是因为有了一万小时的基础，才有了后来的《哈默手稿》《最后的晚餐》和《蒙娜丽莎》等。

菲尔普斯也好，达·芬奇也好，他们之所以能获得成功，不仅因为他们贯彻了"一万小时定律"，还因为他们拒绝待在自己的舒适区，超强度地专注于自己擅长的领域。

其次，不断地突破舒适区就是"一万小时定律"的关键点。

就拿写作来说，如果作者每小时能写1000字，按照每天工作8小时计算，那么作者每天能写8000字。

如果每天要求自己写8000字，那作者就始终处在一个舒适区，不会获得技能的提升；如果每天要求自己写2万字，那作者就会变得焦虑，因为目前无法达到那个技术水准。想要获得技能的提升，就要走出舒适区，把每日的字数提升到1万~1.5万之间，这样才能向写作领域的高水平发展。

所以，一万小时+专注+突破舒适区=成功。

自我奖赏，最简单有效的执行力法则

5年前，朋友对我说："我想学Ps。"

4年前，朋友对我说："我想学Ps，我还买了课程。"

3年前，朋友对我说："我想学Ps，约个老师教我吧。"

2年前，朋友对我说："我想学Ps，你有没有什么建议？"

去年，朋友对我说："我想学Ps，可是没时间去啊。"

今年，朋友对我说："我想学……"

"不，你不想。"我对他说。

不得不说，现代社会中，大家最不缺的是焦虑，最缺的是执行力。

我给现代人的焦虑原因做了总结：在不努力拼搏的时候有负罪感，但又难以开始努力。

如果一个一无所有的人，他不愿意劳动，不愿意打拼，每天只要有一块面包就能过得很快乐，那他的人生也算没有白费。而最痛苦的是我们的身体跟不上灵魂的脚步，灵魂行走在路上，身体却在好吃懒做，这就导致灵魂发挥不出作用。

我刚入职时，遇到过一位前辈。大家都很不喜欢跟她一起值班，也不喜欢跟她交接工作。因为每次她当值时，工作都拖拖拉拉做不完，大家还要帮她分担。

有一天，一位脾气比较直的姐姐终于忍无可忍，决定帮她找出拖沓的根源。

　　结果，我们发现她工作时其实很忙碌，甚至连拿资料都是一路小跑着去。饶是如此，她办事效率依然很低，她自己也一脸焦虑。

　　我问她："你每天都有计划吗？"

　　她茫然地说："有啊，我每天都给自己制订很多计划，可一眨眼就下班了，这些计划制订了也没用啊。"

　　我继续问她："也就是说，你从来没有按照计划做过？"

　　她点了点头："一上班就开始忙了，哪有时间看计划。"

　　这位姐姐有执行力吗？其实是有的，因为她一直在忙碌。但她为什么没能完成工作，还一直给别人添麻烦呢？因为她的执行力不够有效。

　　所谓执行力，指的是贯彻战略意图，完成预定目标的操作能力。如果只是盲目地制定目标，没有贯彻战略目的和完成目标的操作，那有执行力也是徒劳，最后只能是事倍功半。

　　那么，怎样执行才能取得事半功倍的效果呢？有一个最简单的方法，那就是自我奖赏。

　　想必大家都听说过巴甫洛夫的动物条件反射实验，以及斯金纳的激励实验。当我们适当给予自己奖赏时，就会从心理层面敦促自己达成目标。

　　打游戏时，打败10级的怪兽，会爆出A等级装备；打败40级的怪兽，会爆出S等级装备；抽10次卡，最少会中1张SR级卡；推掉敌方的防御塔，会奖励250金币。这些奖赏，激励着我们一路通关。

　　不同的是，"肝"游戏，会让你的等级在排行榜里上升，也会让你所在团队的战力上升。可以说，只要你在游戏里努力了，你的努力就不会白费，你的所有成就都不会落空，也都会被记录在排行榜上，让你随时随地看到自己的进步。

　　但现实世界却并非如此，几乎我们所有的努力，都需要经过一段时间的累积和沉淀后才能显现出来。

比如减肥，我们每天就吃一点点，还要去健身房挥汗如雨，一周好不容易熬了过去，但还要在第二周才能稍有体现。

为什么大家没有继续执行的动力？就是因为大家没看到明显的进步。

为此，我们可以将游戏中的"奖励"机制运用到现实生活中的执行力上。

首先，自我奖赏中的奖品不能是必需品。

如果是必需品，比如洗衣液、护理液、洗发液等，即便没有完成目标的奖励，我们也会把它们买回来，它们没有什么值得渴望的价值。

其次，自我奖赏中的奖品不能是奢侈品。

如果是奢侈品，即便我们达成了目标，也会考虑再三，看看是否有买回来的必要。不管最后买还是不买，都跟达成目标没有关联，因此时效性较差。

最后，自我奖赏中的奖品最好选择完整的、能一次性结算清楚的。

比如一块高级点心、一盒哈根达斯、一份五星级Spa体验等。奖品的价值保持在正常消费内稍高一点的范围即可。

说完奖品，我们再一起看一下切实可行的运作方式。

1. 确定执行目标，最好有总目标和阶段性目标

在设定目标时，不要将目标设得太高，也不要把行程安排得太满。不然，就会因为任务太难或工作量太大而无法完成，影响自己的主观能动性。

还是拿减肥做例子。在控制饮食时，我们不妨做一些健身计划，将运动分为有氧运动、无氧运动两类。有氧运动包括慢跑和骑单车，无氧运动大多是机械运动。我们可以在跑步机上设置好时间和速度，比如，我们的耐力是10分钟，那就可以设置成12分钟。在累的时候突破自己，去做一些器械运动，来回交叉进行更有效果。

2. 建立反馈机制，在列出目标清单时，也列一份成就清单

就像在游戏中看到的反馈机制一样，除了能看到自己的经验值、装备外，还能随时查看自己还差多少分升级，或者哪些可以用来兑换奖品。

有些人适合划掉清单，有些人适合增加成就，这样能获得满足感，还能提醒自己现在具备了哪些优势，还差多少努力就可以贴上一个"达人标签"。

总之，自我奖赏是最简单有效的执行力法则。只要你愿意，随时都可以起航。

舒尔特方格，你要怎样锻炼专注力

你有没有发现，你的专注力正在变得越来越差？

刷手机、看综艺、补番剧、查信息、阅资讯……随着时代的发展，让人分心的东西也越来越多。不知不觉间，时间被切割成无数碎片，当我们想静下心时，却发现自己不知从什么时候起，已经做不到专注了。

现代社会，手机用户平均每天要解锁手机90次，如果按照8小时标准睡眠时间计算，人们平均每10分钟就会解锁一次手机。一个人的注意力被如此频繁地切割，还能保持专注吗？

对于80后、90后来说，大家在高中时的目标很简单，那就是好好学习，争取考一个能力范围内最好的大学。所以，那段时间是我们专注度比较高的时候。但上了大学或走入职场后，除了好好学习和好好工作外，我们还有其他想做的事，比如前面提到的刷手机。由于专注度不够，我们会在工作中频繁出现问题，这不仅给公司带来了损失，也极大地影响我们的发展。

当然，专注力问题不仅出现在成年人群体，也出现在学生群体中。

2000年后出生的学生们，大多数在儿童时期就开始频繁接触手机了。学习和玩手机相比，显然后者才是诱惑。当一位学生通过手机获得快乐后，他很有可能放弃学习上获得的点滴快乐；在学习遇到困难时，也更容易通过逃避的方式来应对。

对于专注度不够的问题，很多粉丝都向我咨询过。其实，我也是一个经常受到诱惑的人，但跟大多数人不同的是，我会通过舒尔特方格来训练自己的注意力。

舒尔特方格是到目前为止在世界范围内最容易操作、也最有效的科学训练专注力的方法。具体操作如下：

在一张方形纸片上，画出25个等面积的方格，格子内随意写上阿拉伯数字1~25。

将纸片交给需要训练专注力的人员A，由A用手一边按顺序读出1~25，一边依次指出数字的所在位置，施测者B则在一旁负责记录时间。

指出25个数字所用的时间越短，就证明A的专注力越高。

在寻找目标数字时，是需要测试者的专注力高度集中的。当我们通过高强度集中精力的方式反复练习后，大脑的专注力功能就会得到持续巩固，我们的专注力就会越来越高了。

对于用时结果，用时16秒以下为优秀；用时26秒左右为良好；用时36秒则问题较大，迫切需要提升专注程度。其中最优成绩可达到9秒，20秒则是中等程度，25秒以上则迫切需要提升专注力。

当然，我们并不能说用舒尔特方格测验专注度是百分百准确的，但它确实是目前最好的检测方法和训练方法之一，也是心理咨询师进行疗愈时常用的基本方法。

从心理医学方面讲，舒尔特方格可以通过一个动态的练习来有效锻炼人体的神经末梢，能测出被检测者的心理感知速度，也能看出对方视觉方面的定向搜索能力。

除了培养专注力外，舒尔特方格还能提高我们的控制能力、辨别能力和稳定性。练习的时间越长，做舒尔特方格的时间就越短，这还能提高眼球的末梢视觉能力，加快训练者的阅读节奏，让眼睛能够快速认读，达到一目十行的效果。

专注，一直是高手们的成功秘诀。就像巴菲特和比尔盖茨一样，有人让他们写下对自己影响最大的品质时，他们不约而同地写下了"专注"。

很多人都会有这样的感慨："随着年龄的增长，我的专注力越来越差。初中时，我能一口气看完一本书，可现在却越看越慢。"

真的是这样吗？30岁左右的人之所以学东西比之前慢，是因为没有那么多时间去练习专注力，身边的干扰源也更多。但是，成年人有一个学生时代没有的优势，就是我们已经储备了很多知识和技能，有些技能我们无需思考就可直接调用。所以，成年人完全不用担心年龄会成为学习的敌人。

除了舒尔特方格，我们还可以按照以下几个方法提高专注力：

1. 明确自己的目标

在做一件事之前，先问问自己为什么要做这件事。养成经常问自己的习惯，这样就能避免分神。

2. 营造一个合适的环境

对大多数人来说，过于安静或吵闹的环境都会让他们分心。所以，给自己制造一个合适的环境，更有利于我们集中精力。

3. 建立专注仪式感

生活中需要仪式感，培养专注力同样需要仪式感。每天在开始工作前，为自己泡一杯茶，然后开始投入一天的工作学习中，久而久之，这杯茶就和你每天的工作联系在一起了，当你闻到茶香时，就知道该开始干活了。

4. 给自己一个"起步时间"

老司机们都知道，开车前给一个"起步时间"有助于发动机进入状态。工作也是如此，在正式开始前先给自己一个缓冲时间，有利于后面更好地投入到工作中，也能避免因直接工作而产生的烦躁和抗拒心理。

总之，在一个适合的环境坐下来，给自己一个安静思考的空间。毕竟，成年人的专注力需要更严格的自我管理，这样才能让精力变得更加充沛。

目标多树杈分解法，提升工作与学习的效率

弗罗伦丝·查德威克是著名的长途游泳运动员，也是世界上第一位靠游泳横渡英吉利海峡的女性。

1952年7月4日清晨，大雾弥漫，34岁的弗罗伦丝从卡塔林纳岛起始，准备游向33.8千米外的美国加利福尼亚海岸。由于下雾，能见度很低，海水也是冰冷刺骨。

一个小时过去了，又一个小时过去了，15个小时后，弗罗伦丝已经变得疲惫不堪。这时，她的母亲告诉她：你快要到达了，再坚持一下。可弗罗伦丝往前望去，前面只是浓浓的大雾，什么都看不清。

终于，在15小时55分钟后，弗罗伦丝示意自己已经精疲力尽，随行的医护工作者立刻将她拉上了船。等到浓雾散去后，她才发现自己离终点竟然只有0.8千米。

弗罗伦丝失败了，这是她长途游泳生涯中第一次失败，也是唯一一次失败。

事后，她对前来采访的记者说："如果我当时能看见陆地，也许我会坚持下来。"

两个月之后，弗罗伦丝再一次挑战英吉利海峡，这一次天气晴朗，她成功了。

弗罗伦丝答记者问时，并不是在为自己的失败找借口。的确，如果只有方向的指导，而看不见前方的目标，我们就总觉得自己离目标达成还有

十万八千里。

可是，如果将长期目标进行细化，分解成一个个小目标再逐一跨越，那我们就会发现达成目标并没有大家想的那样困难。

对于职场人来说，长期的目标是提高自己的工作效能。对学生来说，长期的目标则是在中考、高考、毕业设计等重大节点时取得好成绩。

将这些长期目标进行分解，可以敦促我们走向成功，也可以成为我们提升工作与学习效率的重要指标。

毕竟，很多人半途而废就是因为像弗罗伦丝一样，并不是困难大到让人接受不了，而是目标迷失，前途未卜。

1984年，一位名不见经传的黑马选手山田本一，在东京国际马拉松邀请赛中一举夺冠，让世界都为之震惊。当时，记者激动地问他："你为什么能取得如此惊人的成绩？"山田本一却有些木讷地说："靠智商战胜对手。"

当时，不少人都对这句话嗤之以鼻，马拉松考验的是体力，如果他说凭借体能和耐力还好，凭借智商算什么呢？

可是，1986年在米兰举行的意大利国际马拉松邀请赛上，山田本一再次获得了世界冠军。当记者问他经验时，不善言谈的他还是那句话：靠智商战胜对手。

10年后，这个困扰了大家多年的谜团终于解开了。

在山田本一的自传中，他说了这样一段话：

"我会在每次参赛前，先坐车将整体线路仔细查看一遍，再把沿途的醒目标志画下来。比如银行、大树、红色的房子等，一直画到比赛终点。在比赛开始的时候，我就用百米冲刺的速度跑向第一个目标，到达后，我又用同样的速度跑向第二个目标，就这样，全程四十多公里的马拉松被我分解成了若干个小目标，我就这样轻松地跑完了全程。起初，我也不明白这样做的道理，后来我才知道，如果我一开始的目标就是四十几公里，那我跑到十几公里时就会疲惫不堪了，因为我会被前面那遥远的路程吓倒。"

山田本一的成功，并不是他用了多大的智慧，他只是将一个大目标分解成若干个小目标。小目标是容易达到的，他在体验了若干次成功后，这种感觉又刺激他继续完成下一个小目标。在不知不觉中，整体的大目标也就完成了。

一开始就追求四十多公里的大目标显然是不现实的，就像很多东西不能一蹴而就一样。

当我们看到大目标后，第一反应可能是退缩。其实，只要将大目标分解成若干小目标，我们就会发现，在前进的道路上有若干路标可以参照，这样能让我们走得更快、更轻松。

"目标多权树分解法"，听起来就很形象，用树干代表大目标，用若干树枝代表小目标，树枝上的叶子则代表临时或即时目标。能有效帮助我们将大目标拆解为小目标。

无论是职场人还是学生，都可以使用"目标多权树分解法"来明确目标、计划和实践之间的因果关系，这能帮助我们更有条理地做计划与分析方法。

那么，如何运用"目标多权树分解法"呢？

先画一根树干，并在树干上写下你要完成的大目标，然后问问自己：实现该目标的条件是什么？根据必要条件来设计若干小目标，小目标就是在树干上画出树权，有多少个小目标，就画出多少根树权。

在画完基本的树干和树权后，我们还要问自己一个问题：实现这些小目标的必要条件是什么？这些必要条件就是临时目标或即时目标，也就是树权上的树叶。

　　充分完善后，一棵枝繁叶茂的目标大树就完成了。

　　使用"目标多杈树分解法"进行目标梳理，能让我们的计划更有逻辑性，也能让我们对整体目标和部分目标有一个直观的了解。

Chapter 11　思维工具，学会思考问题就解决了大半

“奥卡姆剃刀”，极简主义的“MECE 分析法”

英格兰的奥卡姆提出的“奥卡姆剃刀定律”，意为“简单有效的原理”，就是让人们不要浪费时间做没用的事情，要把没用的部分用“剃刀”剔除，这样才能用有限的资源把事情做好。

现如今，越来越多的职场人将“奥卡姆剃刀定律”奉为圭臬，因为他们运用了“奥卡姆剃刀定律”后，都将复杂繁琐的事情变得简单了。

除了简单有效的“奥卡姆剃刀定律”，想要近一步提高工作效率，还可以试试“MECE分析法”。

前不久，一位女孩向我诉苦：“我的工作都是花心思花时间想了好久的，却做不出甲方认同的成果。更让我难过的是，当时领导安排我组织培训活动，大家都没有反对，等我一个一个再去确认时，大家头都摇得跟拨浪鼓似的，为什么呢？”

我问她：“你有没有站在对方角度想一想，对方为什么会拒绝你的成果，为什么会拒绝你的培训提案？”

她想了想后，摇头说：“我花了那么多时间和心思做的成果和提案，还能不好吗？”

她会出现这种烦恼，是因为她把大量的时间都花在闷头做事上。但给甲方呈现的结果本来就要倾听甲方意见，给员工设计培训提案也要根据员工的实际情况操作。如果只是没有逻辑的忙碌，那结果很难令对方满意。

其实，很多人已经意识到自己做事思考得不太全面且没有条理，但又觉得逻辑思维太深奥，不容易学。

有这样想法的人大可不必担心，因为逻辑思维虽然深奥，但使用一点简单的逻辑技巧，就能让你的职场简单轻松，这个技巧就是——"MECE分析法"。

MECE分析法（Mutually Exclusive Collectively Exhaustive），又被称为"排他法"，中文解释是"彼此独立且穷尽"。也就是说，我们需要不重复且不遗漏地提供解决问题的方法。

同"奥卡姆剃刀定律"一样，"MECE分析法"的目的就是帮人们厘清思路，避免混乱。

当职场人需要将某一整体划分为具体步骤时，则需要保证各个部分满足两方面内容，即彼此独立（Mutually Exclusive）和完全穷尽（Collectively Exhaustive）。

彼此独立——各个部分不能有重叠的部分，否则重叠的部分就要做无用功，这就是排他性。

完全穷尽——各个部分已经满足了整体的需要，确定没有遗漏的部分。

我们可以看出，"MECE分析法"其实就是逻辑分析领域中的"奥卡姆剃刀定律"，意思就是使用极简风格，在保持逻辑整体完成的情况下，将多余的部分剔除掉，这样能更好地节约不必要浪费的时间和精力，也能避免出现逻辑混乱。

一位朋友是从事采购行业的，领导安排她调查三家供货商情况。调查完，她信心满满地向领导汇报时，领导却皱着眉头说了她一通，让她十分委屈。

我问她："你是怎么跟领导汇报的？"

她说："我调查的是显示屏供货商，发现A公司的最好，就跟领导说'A公司产品耐用，显像效果好，画面清晰度高，电量消耗也符合咱们公司要求。'"谁知，领导却问我："A公司产品性能好，价格呢？供货时间呢？"我一下子就蒙了，说再去问，领导就训了我一顿。

我安慰了她一番，给她推荐了"MECE分析法"。

根据"MECE分析法"，她可以将"调查供货商情况"细化为"供货公司信誉""产品性能""采购价格""交货时间"等，然后分别进行调查。在进行汇报时，可以采用这样的方式：

经过调查，我认为A公司的显示屏更好，因为对方的信誉比较良好，财务状况也较为稳定；该公司产品在性能方面耐用，显像效果好，画面清晰度高，电量消耗也符合咱们公司要求；在供货价格方面符合咱们公司的要求，且对方表示，如果订单量大或能长期合作，可以给我们一定的价格折扣；关于交货周期，对方表示下单后48小时发货，最慢3日内送达。

事实上，由于个人能力和客观条件的制约，职场人很难做到万无一失，也很难做到无重复无遗漏，但使用"MECE分析法"可以让成果尽量完善。

我们还可以使用一些方法，让"MECE分析法"发挥更大的效果。

首先，使用"事分两端"分类法。

在整理内容时，我们可以将整体部分先划分成两大类，比如"国内—国外""成年—未成年""已婚—未婚""管理层—员工层"等。

其次，使用"要素分析"分类法。

在"事分两端"分类法基础上，再将其细化到各个要素。

如按照年龄划分：客户年龄20~26岁、27~31岁、32~27岁、38~43岁。

或按照地区分类：客户来自东北地区、华北地区、华中地区、华东地区、华南地区、西北地区、西南地区。

再次，使用"过程"分类法。

将要素细化后，我们需要找出问题的关键点和逻辑点，如一份计划的"过去—现在—未来"，再如一项工作的各个方面。

最后，使用"算数公式"分类方法。

"算数公式"很适合职场分析。在"过程"分类后，可以使用一些公式让逻辑更明确。比如，某PC公司想提高台式机销售额，就需要通过两种方式实现：要么提高台式机价格，要么提高台式机销量。用到的公式就是"销售额=单价×数量"。

总之，掌握"MECE分析法"，能让我们的思维更加清晰，也让我们的成果更加显著。职场人也会让自己的事业之路更加顺利。

全面分析问题的 5W2H 思考法则

"五一劳动节，我要去西雅图旅行。"

"你请假了？"

"没有啊，五一不是连着放三天假吗？到时候再请几天年假。"

"北京到西雅图，来回路上就要两天时间，你年休假还有几天啊？"

我们身边总有一些不爱做计划的朋友，他们觉得做计划太麻烦，而且计划赶不上变化。但我不这么认为，相反，与旅行比起来，做计划也是相当有乐趣的阶段。

在做计划时，我会将一切安排得井井有条，也会预留出一些时间，还会提前做好各种攻略。在我看来，一份较为完善的计划能让我的旅行更加完美。

当然，除了不爱做计划的朋友，还有一部分朋友喜欢天马行空地做计划。

我有一个朋友性格很好，就是对自己比较狠。她的身材有些圆润，却希望自己是骨感美女，于是经常订制"周瘦20斤"或"月瘦40斤"这类的计划。具体执行措施也很简单——绝食。

结果可想而知，自然是失败的。

为了让大家迎接更好的自己，我在这里拿出本人常用的思考法则，帮助大家制订一份相对科学合理的计划，这就是"5W2H分析法"。

5W2H分析法，又被称为七问分析法，最早出现在二战时期，是美国陆军兵器修理部首创的思考法则。由于该方法内容简单、便于理解和操作，时至今日仍然广泛应用在各个方面。

所谓"5W2H"，就是5个以"W"开头的英文单词和2个以"H"开头的英文单词，用于对自己的计划进行简单的提问，从而发现解决问题的思路，并完善自己的计划。

具体如下：

What——是什么，要达成一个什么目的？

Why——为什么要这么做，如果不这么做，有没有其他的代替方案？

Who——事情由谁来做？

When——什么时候去做，做这件事最恰当的时机是什么时候？

Where——做这件事的场合或地点在哪里？

How ——怎么做？怎样才能提高效率，具体的实施方法是什么？

How much——做这件事的数量、质量、花费等各是多少？

下面，我们可以把5W2H分析法应用在各种场合。

我们先来看它应用在职场的模式：

在职场中，不少人都不太会制订计划，因为他们对计划缺乏一个整体的认识，对计划的目的和内涵也不太明确。所以，职场人在制订计划时可以这样做：

What——做这份计划的目标是什么，这份计划包含的具体数据目标和结果目标分别是什么？

Why——为什么要制订这份计划，是为了与客户展开合作，为了让自己更快完成工作，还是为了梳理个人思路？

Who——这份计划内容将由谁完成，主要责任人是谁，具体分工如何？

When——计划的截止时间是什么时候，各个阶段的计划时间段是什么？

Where——在哪里展开工作，在工作中需要涉及的地点有哪些？

How——这份计划需要采用哪些形式，能参考的案例有哪些，需要的工具有哪些？

How much——总共需要完成多少工作，完成工作的成本预算是多少？

具体来说，职场计划还包括销售计划、管理计划等。比如服装销售，如果想吸引顾客进店，就要时不时地搞一些促销活动。那么，促销计划究竟应该怎么做才能吸引顾客眼球呢？

我们可以通过5W2H分析法来具体策划：

What——促销的内容是什么，是打折还是买赠，抑或是其他方案？

Why——搞促销的原因是什么，是为了拼业绩、清库存、搞竞争，还是为了资金回笼？

Who——针对的顾客是哪些，普通客户还是VIP客户，年轻人还是上年纪的人？

When——什么时间搞促销，周期是多长？

Where——在哪里搞促销，是本店、商场，还是公园等地？

How——用什么方式宣传，发传单还是朋友圈？

How much——促销的毛利率是多少，宣传成本和促销成本分别是多少，一共有多少促销品，每日是否限购？

只有制订了明确的促销计划，促销人员的工作才能越做越好。

当然，5W2H分析法还能应用在管理层面。管理者需要付出很多努力，才能在公司站稳脚跟，才能在员工间树立威望。

具体操作如下：

What——这次的管理目标是什么，我能达到一个什么样的管理效果，任务是必做的吗？

Why——这项活动为什么是必须的，要明白做这项管理工作的原因。

Who——谁来做这项工作，是否需要放权给其他人，管理对象具体有哪些？

When——什么时候进行管理计划，可否改变计划顺序或组合？

Where——在哪里实施管理，整个公司、一个部门还是团队？

How——怎么做好管理工作，现在的方法是最好的管理方法吗，还有没有其他的管理办法？

How much——现在的管理成本是多少，改进后的成本又是多少？

现如今，不少人决定脱离职场，自己创业。5W2H分析法能应用在创业环节吗？当然可以，它也很适合创业者：

What——能提供什么样的产品或服务，能明白客户想要的是什么吗，能满足客户的需求吗？

Why——客户为什么要接受你的产品或服务，你的优势是什么？

Who——客户群体是谁？

When——现在入行晚吗，时机好吗，受众人群现在需要你的产品或服务吗？

Where——准备在哪里创业，大城市还是小城市，学区还是商业区，受众群体和创业区域能做到相辅相成吗？

How——怎么做好创业计划，从市场调查、选店铺、办手续到装修店铺、制作、宣传、活动等，都有一个完善的规划吗？

How much——成本是多少？创业成本和时间成本要分别计算。

提出疑问，解决疑问，这对每个人来讲都是极其重要的事情。

提出一个好问题，就意味着问题解决了一半。所以，在制订计划时，5W2H分析法就显得十分重要了。

毕竟，只有全面分析问题，才能制订一份可行的计划，才能将人生掌握在自己手中。

头脑风暴，创造性地发散思维

我在米兰读硕士时，曾参加过一场小型头脑风暴会议，议题是"如何开胡桃才能保证其完整"。主持人表示，大家可以畅所欲言，无论说得多离奇都没关系。于是，我们收获了很多答案。

"敲胡桃的时候仔细一点。"

"培育一个新品种。这种新品种在成熟时，自动裂开。"

"在外壳上钻一个小孔，灌入压缩空气，靠核桃内部压力使胡桃裂开。"

……

头脑风暴，是一个已经流行了近十年的词语，在此之前，这个词一直是精神病理学上的一个名词，但经过美国著名广告人奥斯本的转化，如今的头脑风暴已经成为一种新的会议形式。很多人都有丰富的想象力，头脑风暴的确是个解决问题的好方法。但在现代职场中，使用头脑风暴开会的企业依然不够普及。

当一群人在一个特定的领域集思广益，并产生新的观点时，这种情境就叫作头脑风暴。运用头脑风暴的优势在于人们在进行群体讨论时没有规则的束缚，能更自由地思考，也更容易进入思想的新区域，从而得到更多解决方案。

在米兰的日子，我经常看到一些学者坐在一起进行头脑风暴。我也参与过几次，相比质量，头脑风暴更追求数量。

会上要求每名参与者都抓紧时间思考，多提出自己的想法。讨论的核

规划力：走对人生每一步

心目的就是一网打尽所有可能的观点，浓缩观点清单是以后的事情。如果头脑风暴结束时有大量的观点，那么发现一个非常好的观点的概率就会大大增加。至于质量如何，可以留到结束后讨论。

我记得，在参加某次头脑风暴时，一位韩国女孩比较羞怯，整场会议都没有提供一个点子，也没有开口说过话。当时，主持头脑风暴的Alessia是这样说的："不要害怕，只要你脑中闪过的想法，就大声说出来吧。不管可不可行都说出来，看它能引出什么超赞的点子。在头脑风暴中，说出来的点子，就是好点子。"

进行头脑风暴时，我们不需要去肯定或否定对方，总的来讲，就是不需要对别人的观点发表评论性意见。

当参与者有新观点时，就大声说出来。这样做一方面是为了防止评判会约束与会者的自由思考；另一方面是为了集中精力先挖掘新设想，避免把应该在后阶段做的工作提前进行，影响创造性设想的大量产生。

由于头脑风暴没有条条框框的限制，所以，参与者的思想可以尽情放松自由，人们也能从不同的角度展开大胆的想象。随着众多标新立异、与众不同的想法被提出，解决问题的可能性也跟着随之增大。

从逻辑学角度讲，头脑风暴可以分为直接头脑风暴和质疑头脑风暴。直接头脑风暴是在专家决策基础上，尽可能发挥想象力，产生更多设想；质疑头脑风暴则是对前人提出的设想逐一质疑，继而发现可行的方法。

头脑风暴不仅适合职场人，很多专家也经常进行头脑风暴。

通过提取头脑风暴的重要信息，我们可以将其提炼为以下3点：

1.头脑风暴是一种方式。

2.头脑风暴需要通过小组形式开展。

3.头脑风暴需要畅所欲言，不能加以干涉。

一般来说，头脑风暴是训练小组成员创意思维的方式。通过汇集各个成员的观点，我们可以从中找出创新部分。对于做设计的人来说，头脑风暴是一种很好的方式。

但我身边做设计师的朋友跟我反馈，他用头脑风暴的效果并不理想。

米兰是无数服装设计师的梦之都，做交换生期间，我也认识了不少来自世界各地的设计师朋友。

一位巴西设计师对我说："我经常跟朋友们头脑风暴，但结果却是一无所获。"

于是，我把著名设计公司IDEO实施的头脑风暴方法推荐给了他。

根据IDEO公司次数繁多的头脑风暴，他们总结出了七大原则——暂缓评论、异想天开、借题发挥、不要离题、一人一次发挥、图文并茂、多多益善——才让IDEO公司的产品闻名于世。

或许，当我们看到IDEO公司的"七大原则"时，觉得它没有什么特别之处。但只要按照他们的模式展开头脑风暴，创意和点子就会一个一个涌现出来。

下面我就从"头脑风暴前""头脑风暴时"和"头脑风暴后"三方面来具体展开头脑风暴。

头脑风暴前

就像我之前反复提到的：在做事之前，一定要有个规划。头脑风暴也是如此。

在进行头脑风暴前，我们需要做好"集体"和"个人"这两件事。

对于集体来说，要有一个共同的主题。我们要知道自己为什么进行头脑风暴。提前了解，提前准备资料，这样在开展头脑风暴时，你头脑中才有东西与他人碰撞。

对于个人来说，尽量选择性格、领域、知识面都不同的成员进行。因为相同性格、领域和知识面的成员会出现创意大量重合的情况，这是需要

规划力：走对人生每一步

注意的方面。

头脑风暴时

做好准备工作后，就可以正式开始了。在进行头脑风暴时，我们要做的就是在不干扰他人的前提下，将自己的点子和盘托出。

同时，我们一定要记得IDEO公司的"七大原则"，否则，头脑风暴就成了侃大山，我们也无法收获到想要的点子。

头脑风暴后

经历完头脑风暴后，很多人都觉得结束了。

不，事实上，重要的内容在这之后才会显现。

因为在获得创意时，我们都处在天马行空、杂乱无章的状态。可是头脑风暴过后，我们可以将没有可行性的创意变得有可行性，这样就能让创意真正为我们所用。

头脑风暴是创造创意的良方，所以，如果大家需要一些新鲜创意，就集合你的小伙伴们开始一场头脑风暴吧！

Chapter 12　社交工具，成功生活不仅是"自我照亮"

六步分离法则，搭建你的人际关系档案

在成年人的世界，交朋友不仅是为了寻找与自己意气相投的伙伴，也是为了搭建自己的人际关系圈。

你相信吗？也许，我们跟亿万富豪之间只隔了六个人。

1960年，社会学家史泰林·米勒格曼从美国中部内布拉斯加州的奥马哈市，随机选出了160位普通人，给他们各自分发了一个包裹，请他们依靠自己的社交关系把这个包裹寄到住在美国东部马萨诸塞州沙伦市的约翰手上。具体方法是：拿到包裹的人，将自己的姓名和地址写在包裹背面，然后把它交给或寄给某个亲戚朋友，前提是这位亲友有可能接触到约翰。比如，你住在奥马哈市，你的一位堂兄住在波士顿近郊，你就可以把邮包寄给他。因为波士顿属于马萨诸塞州，堂兄认识约翰的可能性比你大。这位堂兄不一定见过约翰，但他的社交圈里可能有认识约翰的人。

约翰每次收到包裹，都会立刻将它寄还给米勒格曼。通过包裹背面的姓名和地址，米勒格曼能查出每个包裹经由了多少人之手。最后，这160个包裹全部完成了从美国中部到东部的跨越，猜猜看，这中间平均需要经过多少位中转人？

米勒格曼惊讶地发现，大多数包裹仅仅经过了六次中转，就到达了目的地。这就是社会学中著名的"六步分离法则"。

六步分离法则的发现，让人们意识到，原来地球这么小，人与人的联系比想象中密切得多。

六步分离法则说明了人际关系的重要性。做一个值得信任、值得交往的人，搭建一个稳固的人际关系档案，当我们需要帮助时，才有可能通过我们的人际关系网，与有能力为我们提供帮助的人产生联系。

搭建人际关系档案时，有哪些小技巧呢？

1. 成为一个有价值的人

成年人之间的人际交往，需要互相帮助。想接触到能为我们提供帮助的人，首先要让自己成为一个有价值的人。只有自己存在价值，才有彼此互助合作的可能。

掌握互惠原则

互惠原则是《影响力》的作者西奥迪尼在书中提出的——当别人为我们提供帮助时，我们要做出适当的回报。同事帮了我们一个小忙，下次他需要帮助时我们要主动施以援手；朋友送上一份节日礼物，也要记得及时回赠一份心意。这不是一种简单的交换形式，而是拓展人脉关系的重要点。

大胆请人帮忙

人际关系的连接大多是从帮忙开始的。当我们认识到一位前辈，需要他提供帮助时，不必纠结前辈是否有时间，是否愿意帮助我们，礼貌而真诚地表达我们的需要，大多数前辈都是乐于提供帮助的。在心理学角度上，别人为我们提供了帮助，他就会产生一种优越感，这种优越感会让他更愿意与我们产生近一步联结。

4. 不要局限在一个圈子

很多人感觉自己的圈子越来越小，这是因为我们把自己局限在了一个小圈子里。同一个行业、同一座城市，我们每天见到的都是相同的人，这就限制了我们的人际交往范围。我们需要打破圈子的限制，尝试认识其他领域的个人，以这个人为突破口，打开整个圈子，扩大我们的人际关系网。

无论是谁，拥有一个庞大且多元的人际关系圈都更有可能获得成功。机会一直都在，努力永远不晚，从现在开始搭建人际关系网，也许那个对你一生都有所助益的贵人，离你只有一步之遥。

长板理论，寻找人脉圈中的价值洼地

"短板理论"是管理学中一个很重要的团队理论，在自我发展中，这也是一个很重要的参考理论。但在人际交往中，短板理论不再适用，适用的则是"长板理论"。靠近"长板"，才能形成自己的价值洼地。

这里所说的"长板"，就是优秀的人。而价值洼地，可以用一个直白的例子来解释。开发商选中了大型商场周围的地区进行开发，周围小区的价值自然水涨船高。离商场最近的小区均价2万，外一圈1.5万，再外一圈1万，更外一圈7千。这种向四周土地递减式级差地租，就是所谓的价值洼地了。

韩寒有一句话，很符合人际关系中的"长板理论"，他说："一个人能走多远，要看他与谁同行；一个人有多优秀，要看他有谁指点；一个人有多成功，要看他与谁相伴。"

古语说："物以类聚，人以群分。"离优秀的人越近，获得的价值就越大。这种价值不仅体现在金钱方面，更体现在个人成长与眼界的提升。

优秀的人不仅有更多的资源，还有高于普通人的远见。不断向他们请教和学习，能在很多方面给我们带来改变。

跟优秀的人在一起，更容易认识自己。

山本耀司曾说："'自己'这个东西是看不见的，只有撞上一些别的什么再反弹回来，你才会了解自己。"

所以，跟水准高的强者碰撞，我们才能了解自己，才能明白自己的定位。在没有跟更高层次的人交流前，我们的思想是较为狭隘的，也会认为事情就像自己认知的一样。但相处后，我们会发现对方只用一两句话就可以打破我们的思维禁锢，让我们真正了解自己的层次，这是非常重要的。

如果把优秀的人比作光明的话，那与光明相处久了，自然不会有人愿意走回黑暗。

与优秀的人为伍，能拓宽知识面。

每个人的知识面都不是全面的，遇到一些问题时，我们的理解可能太过局限，因此陷入僵局。尤其是初入职场，我们的见识、思维方式都不够开阔，解决问题的方式就显得死板。

所以，与更优秀的人为伍，多听取前辈的建议，能帮助我们更全面地看待问题。

优秀的人可以给你提供指导性的建议。

正所谓"听君一句话，胜读十年书"，描述的就是跟优秀的人相处的好处。

我们跟什么样的人交往，接触什么环境，这些都影响着我们的眼光和格局。优秀的人之所以优秀，是因为他们在我们还没有想到某件事时，就已经付诸实践了。他们思考的更多，经历的更多，在很多方面都比我们有更多经验和体会。

优秀的人往往能提供给我们更专业、更具指导性的建议和意见，甚至能给我们提供一个切实可行的解决方案。即便他们没有提供任何帮助，我们也可以耳濡目染自我成长，这能让我们少走不少弯路，也让我们不至于盲目乱撞。

与优秀的人同行，能获得巨大能量

与勤勉的人相处，自己也会不自觉地上进起来；跟行业佼佼者相处，更容易学到成长的秘诀；与生活中的强者相处，更容易变得出类拔萃。

优秀的人会带给我们难以想象的能量。他们在遇到问题时，更倾向于寻找解决问题的办法，我们也会在不知不觉间受到影响，变得更好。

当然，跟优秀的人长久相处的前提，是我们也要慢慢变得优秀，这样才能旗鼓相当，才能互补长短。

优秀的人能够给你前进的动力。

俗话说，"近朱者赤，近墨者黑"，这描述的不仅是环境对人的影响，也是身边朋友对人的影响。

当我们身处一个优秀的环境中，就会自然而然地被某种力量推着前进，推着成长。

云南昆明的"优等生宿舍"在网上走红。

这个"优等生宿舍"共有六人，都是云南艺术学院设计院的大四学生。分到一个宿舍后，他们就一起学习，一起比赛，一起努力。

三年后，六个人的奖状加在一起有一百多份，全宿舍获得的奖学金有18万。

谈到这些荣誉，他们是这样说的："我们当中有的人专业是服装与服饰设计，有的是产品设计。但大家都经常是早出晚归，忙于学习和活动。如果是人很多的公共课，我们还会提前20多分钟去抢座，期末前也会一起通宵学习。"

所以，我们很难想象有人会在这样紧张的环境中堕落。

当人们处在一个紧迫的环境中时，每个人都会不自觉地往前走。不管是为了迎接更好的自己，还是为了不被别人落下，都会努力往前奔跑。

有研究表明，人是能接受暗示的动物。也就是说，我们会被身边的人影响。如果对方足够优秀，我们就会不自觉地模仿对方，直到成为跟对方并驾齐驱的人。

所以说，靠近优秀的人，我们也会变得越来越优秀。

性格自检，发现那些注定导致失败的基因

粉丝思晴给我留言说："蕾清姐，生活中，我常常有自信心爆棚的时候，忍不住感叹：我好漂亮呀！我简直太聪明了！没人比我更善良了！我也太优秀了吧！像我这么漂亮、聪明、善良、优秀的人，简直是世间少有，我要是男孩子，一定要娶了我自己。

所以我经常会莫名其妙地对他发火，任性地说一些伤感情的话，还会把他的联系方式删掉。因为我觉得他根本舍不得离开我。

有一次，我删掉他后，他再没像从前那样回来找我。那一刻，我才意识到自己多么愚蠢。每一次的无理取闹，都像镜子一样，照出了我任性妄为的一面。换成旁观者的角度，我一定不喜欢这样的自己。

这时候我才意识到，我的优秀，只不过是戴了有色眼镜加上自我感觉良好罢了。"

自我感觉良好，是现代年轻人的通病。可能是因为年轻气盛，加上独生子女的心态作祟，总感觉自己是宇宙的中心，觉得自己一出场就自带音效与追捧。只有当遇到生活的冷水冷不丁浇下来后，在一哆嗦的瞬间，才会忽然冷静下来，也就离这个世界的真相又近了一些。

随着时代的发展，现代社会也变得愈加复杂。为了更好地适应社会，人们的性格也变得复杂起来。这时候，学会性格自检就变得非常重要了。

在《三国演义》中，最让人唏嘘不已的是：智勇双全的关羽，因为骄傲自大败走麦城；勇冠三军的张飞，因为性格暴躁被小小军士杀死；魏之

智囊的司马懿兵临城下，却因为生性多疑中了宿敌诸葛亮的空城计，让唾手可得的胜利竹篮打水。

正是这些性格上的弱点，让他们遗憾，也让后人唏嘘。同时，我们也能发现，在日常生活和职业生涯中，一些看似不要紧的性格弱点，却能毁掉我们本可以做成的事。

性格的形成是受到教育和社会影响的，所以，大部分人的性格都具备"多重性"的特点。一个看上去活泼外向的人，也许是深度抑郁症患者，而一个安静内向的人，也许是个很有主见也很强势的人。

因此，我们无法用一个固定的方式去衡量大家的性格。我们不可能彻底改变自己的性格，但可以通过一些方法，将自己认为不好的性格剔除掉，对性格作出细微的调整。

通过跟身边人比较，或听取他人的建议，发现自己在性格上有哪些不足。为自己进行一次"微整手术"，将性格上的毛刺除掉。

大二的时候，我跟一位记者前辈聊天。

她问我："你每年会参加几次朋友聚会？"

那时的我比较腼腆，也不太喜欢热闹的场合，我摇摇头："几乎不会参加，太忙了呀，要学习，还要找实习工作。"

她冲我笑了笑，说："我看你是有成为好记者的潜质的，但你在性格上可能还需要把自己再打开一点，多参加朋友聚会，不要把自己束缚在你的小天地里。"

听了前辈的建议，我认真做了反思。我真的是因为太忙才拒绝了朋友聚会吗？难道我1个月连2个小时都抽不出来？真正让我拒绝朋友聚会的原因，是那时的我性格太过沉静，不大喜欢与人交往。但一位优秀的记者，与人沟通是基本能力。

从那以后，我决定尽可能多地参加朋友聚会，有意识地调整自己的性格。后来，我竟然承担起了组织聚会的工作，沟通能力和协调能力也得到了很大的提升。

我从一个拒绝社交的人，变成一个"社交达人"，其实只往前走了一步。就像一个园丁修剪灌木，他不会从灌木的根部修剪，他只会通过整理枝杈和调整枝叶，让灌木变得更加美观。

每个人都可以通过性格自检，找到自己性格上的小缺点，做出适当的调整，成为更好的自己。做销售工作的人，可以适当调整自己害羞脸红、沉默寡言的性格；做公众工作的人，要调整自己说话鲁莽、做事冲动的性格；做开发工作的人，要调整自己粗心大意、心浮气躁的性格。

所谓性格自检，就是通过与人对比和自我检查等方式，将性格中的消极因素加以抑制，同时充分发挥积极的一面，让成功的可能性增加。

只有做到性格自检，我们才可能为明天的成功铺垫出一块块成功的基石。

Chapter 13　愿景板，让规划力成为你的梦想助推器

什么是愿景板?

心理学上有一个非常著名的定律，叫作"吸引定律"。吸引定律可以简单定义为"关注什么就吸引什么"。

不少人有过这样的经验：为一个问题苦思冥想却得不到答案，结果在梦中，或在早晨醒来时，或在洗澡时，或在走路时，答案突然从大脑中"跳"了出来。

这就是吸引定律的神奇作用。潜意识将我们日夜求索的问题和日常生活中感知到的信息自动排列组合、分类，自动生出一些新意念、新想法。

在生活中，我们可以有意识地将我们的梦想、我们正在面临的难题清晰化，反复印在脑海中，直到这些意识转化为潜意识，或许有一天，我们期待的结果或答案会自动浮出水面。

假如你想成功，就经常默念"我会成功，我会成功，我一定会成功"；假如你想赚钱，就默念"我会有钱，我会有钱，我一定会很有钱"；假如你想让自己的业绩提升，就告诉自己"我的业绩不断地提升，不断地提升，我的业绩一定会不断地提升"；假如你想理财，就不断地告诉自己"我很会理财，我很会理财，我很会理财"。

这样反复练习，当潜意识可以接收这样的指令时，我们的思想和行为就会去配合这个指令，朝着目标前进，直到目标达成。

当我们运用吸引定律，将目标转化为潜意识后，可以利用一个神奇的工具，帮助我们更高效地达成目标。这个神奇的工具就是《跃迁》中推荐的FutureBoards，中文叫作愿景板。愿景板的运用范围非常广泛，小到功课复习、减肥计划，大到五年规划、留学计划，都可以用它来提升效率。愿景板能帮助我们确定想要的未来，并通过意念和努力将理想实现。它能将停留在我们脑海中的想法、我们期待的目标通过视觉方式展现出来。

一个写满愿景的板子，它看起来很简单，却是每个高能人士都应该拥有的。当你把它挂在每天都能看到的地方——冰箱上或镜子前，愿景板就会不断联结你的目标和现实，让你在下意识中坚定梦想。

创建愿景板的五大理由，让它推着你往前走。

1. 愿景板能让你思考自己真正想要的是什么

想创建一个愿景板，就必须花时间认真思考自己现在的生活，以及未来想获得些什么。在创建时，你要清楚地知道自己最想要的东西是什么。这些都是很简单的，难的是你如何专注于它们。也就是说，要怎么做才能获得你想要的东西。在创造愿景板时，你要根据结果来制定规划，并思考这份规划是否切实可行。这就是创建愿景板的第一个理由。

2. 愿景板可以帮助你摆脱困境

成年人的世界是拥挤的，因为你必须跟上时代的脚步。每天醒来后，你就要投入一天的学习或工作中。可随着生活节奏的加快，过度工作成了大部分人感到精疲力尽的原因之一。

很多人都是在盲目忙碌，这就极大地消耗了精力。为了让自己更有效地工作，也为了解放自己，创建一个愿景板是很有必要的。

3. 愿景板会为你提供一个每日性的视觉提醒，让你时刻记住自己的梦想和目标

我们能做到最有效的思维训练之一就是视觉化。当你经常看一些能激励自己的东西时，就会坚持贯彻自己的梦想和目标。即使你遭遇挫折，视觉化的愿景板仍然时刻准备着再次激励你。

4. 愿景板会激发你的情感

当你看到自己做的愿景板时，内心就会涌现出激情和动力，这份激情也会帮助你与目标建立联系。愿景板可以帮助你随时注意机会，抓住机会，也可以让你简单地想象一些成功后的美好事情。

5. 愿景板其实很有趣

愿景板是一种0风险且有趣的东西，它可以用一种没有压力的方式来寻找你内心深处最原始的灵感。你不需要过分组织、美化或分析愿景板，甚至不必一条一条去验证它，它主要是为了激励你才存在的，你只需享受这个过程。

看到这，不少朋友们心里都会想：这个愿景板真的有用吗？答案无疑是肯定的。正如上面罗列的五个理由一样，愿景板之所以有用，是因为它能把你脑中的想法和梦想变成真实的东西。

如何制作生活愿景板

在讲制作生活愿景板之前，请先展开你的想象，明确你的梦想！每个人都有自己的梦想，任何人都会有想做的和不想做的事。所以，如何管理人生就成了实现梦想的手段之一。

只有当我们准备好与愿景板一起工作时，它才能发挥效用。我们需要做的就是简单地制作一个愿景板，然后把它放在一个触手可及的地方。

愿景板很容易制作，不需要太多的材料：

某种木板，可以用软木板、海报板，或者别针板；

剪刀、胶带、大头针、胶棒；

马克笔，贴纸，或者其他装饰，这些都是可选的。如果有自己很喜欢的某种装饰，那就把它们融进去；

如果在杂志或宣传页上看到喜欢的句子或图片，可以剪下来贴在木板上，这样可以给愿景板提供完美的视觉提醒。

那些能激发灵感的东西，比如照片、引言、谚语、图片、提醒等，也都应该在愿景板上占有一席之地。

选择合适的图片是很重要的。比如，你想减肥，就可以在愿景板上放一张很精美的蔬菜沙拉图片，它能提醒你要过"轻食"生活；再比如，你想攒钱去某地旅游，那你就可以选择当地最美的照片之一，并以此作为激励。

由于愿景板不必井井有条，也没有对错之分，所以我们尽可以按照自己喜欢的模板来制作。有人喜欢贴满彩色贴纸，虽然略显凌乱，却有激励作用；有人更加理性，喜欢将愿景板做成表格形式，实现一个愿景便划掉一个。这些做法都可以。

愿景板

1.我想成为蕾清姐那样的人：找到合适的伴侣，拥有稳定的事业和幸福的家庭，有两个健康可爱的孩子，变得更成熟漂亮，有机会被更多人看到，出版自己的书。

2.我希望自己在40岁时，有3套房子，其中1套给父母住，1套自住，1套用来出租。拥有1000万资产，有一辆象征身份的车。

3.我想培养一个终身热爱的爱好：弹钢琴。

4.我想拥有健康有活力的身体。

5.我想成为一个更浪漫的伴侣。

6.我想养成每天冥想的习惯。

7.我希望我的作品获得外界认可。

8.我希望成为读书达人。

可以在每一项后面贴上相应的图片，比如心仪的车型、正在弹钢琴的照片等，激发你行动起来的欲望。

为了能更好的把未来想要的事业和生活清晰地展现在你眼前，蕾清姐告诉大家一个使用愿景板的小秘诀：将愿景板左右分开，左边属于事业，右边属于生活，分别粘贴，不互相影响。

愿景板不仅操作简单，还能让我们集中精力去追求梦想中的未来，非常管用。所以，让我们为自己制作一个愿景板吧！

如何制定事业愿景板

无论你在事业上摸爬滚打有多久，要想成功，你需要拥有一个至关重要的因素：成功者的心态。所谓成功者心态，就是在成功之前先给自己心理暗示——认为自己已经成功了。在这种感受的指引下付诸实际行动，实现成功。

这一节，我用三道题来引导大家制作自己的事业愿景板。

第一道题："事业和职业，是一回事吗？"

在蕾清看来，职业对应的是现实，事业对应的是梦想。两者并不矛盾，可以说是相辅相成，但它们通常有先来后到的排序。刚毕业的你需要解决饭碗问题，因此要先了解自己，接触社会，在社会中找到自己的立足之地。随着我们的不断成长，在掌握了某种谋生的技能后，你发现了一份可以让你"眼里有光"的事业，这时，你可以鼓起勇气，大展身手，去努力经营创造一番天地。

第二道题："如果确保你不会失败，你会选择什么样的事业？"

马丁·路德·金的梦想，是一场变革的愿景。他带着这个感召力极强的个人愿景，在1963年8月领导了一场变革性的运动。马丁·路德·金本人也因为这个坚定的信念，成为美国历史上最伟大的领导者之一。

成就我们的，永远是明天我们想成为什么样的人，能承担怎样的责任，想为一份怎样事业而奋斗。

第三道题："当你的生命到达终点，你会遗憾自己没有尝试过什么？"

大多数人在走到生命终点的时候，不会后悔自己做过的事，而会遗憾自己没有尝试过的事。所以，认真思考自己想过的生活，想为之奋斗的事业，用愿景板帮你丰富你的理想吧。生命的长度我们无力改变，生命的厚度却是我们可以作主的。

想清楚这三个问题之后，你应该大致知道哪些梦想可以写在事业愿景板上了。接下来，再通过以下10个步骤，让你更高效地完成你的目标。

1. 确定你的目标

你希望成就一份怎样的事业？你希望能做到何种程度？只有能够清楚明确地回答这些问题，才能决定下一步怎么做。

2. 制作愿景板

你将如何实现你的目标？你的发展规划和路径是什么？把这些内容写在愿景板上，帮助你更好地实现目标。

3. 忽略别人的批评

不是每一个人都能理解追梦的你，这不重要，重要的是你自己内心的坚定。面对不理解，甚至是批评，不必辩解，默默做自己该做的事情。

4. 战胜你的消极情绪

我们每个人最大的敌人就是自己。在为目标努力的过程中，遇到困难是再正常不过的事情，这时，不要沮丧，不要放弃，依然怀着有成功者心态，与消极情绪做抗争，直到重新获得力量。

5. 培养积极的态度

培养一个积极的态度很重要。你可以将一些励志名言贴在愿景板上，当你怀疑自己的时候，看到愿景板上的励志名言，会对你的心态产生神奇的效果。

6. 与积极的人为伍

积极的人，他们往往在自己的事业上已经取得了一定的成就，在无形中能够给你起到激励作用，让你希望自己同样能在事业上取得成就。他们也会经常给予你鼓励，或者提供一些实质性的指导和帮助。

7. 在失败中学习

每个人都不希望自己遭遇失败，但一个真正强大的人，不是他避免犯错的能力强，而是他的纠错能力强。回顾过去并从中吸取教训，这会帮助你意识到问题出在哪里，从而避免以后犯错。从失败中学习到的东西越多，你就越接近成功。

8. 永远要有后备计划

我们很难保证所有的规划都能如愿实现，在做规划时，永远要有后备计划，以防前路不通时，还能迅速调整方向。或许我们永远不会用到后备计划，但它的存在，也能让我们更安心。

9. 听取他人的建议

一定要虚心听取任何可能给你带来价值的建议或批评，因为它将帮助你调整你的计划，让你变得更好。

10. 永远铭记你的终极目标

终极目标是引领你走下去的方向标，时刻铭记你的终极目标，才能确保每一步都走得正确，确保最终能达成你心中的期待。

当你按照以上10条行动时，你很快会取得一些成绩，要记住，这些成绩都是你的勋章，但不是你最终的奖牌。无论你取得了怎样的成绩，都不要忘记你的最终目标。时常用自己的现状与终极目标相比，以此激励自己，直到实现心中的梦想。

马上开始制定你的事业愿景板吧，它能够有意识地引导你的事业，同时也让你能敞开胸怀面对生活。它还会不断给你惊喜，让你在不知不觉中与自己心中的目标更加契合。

30岁，活出不一样的人生

在不断的观察、思考和探寻未来的过程中，我终于在30岁这天找到了一种舒适的生活状态，也找到了那个真实的自己——师蕾清。我追求的是**身体、事业、家庭、财富之间相互平衡的一种生活状态**，一种模块化成功的生活方式（success in modularity lifestyle），即清晰地知道自己的人生使命和目标，帮助和曾经的我一样困惑的人找到改变生活的实用工具。

模块化成功的精髓在于，生活的成功与否无需别人定义，而是遵从自己的内心，在生活的各个模块中，组合出你自己定义的圆满人生。

我将生活分为四大模块：自我成长（self）、事业（career）、家庭（family）、生活方式（lifestyle）。

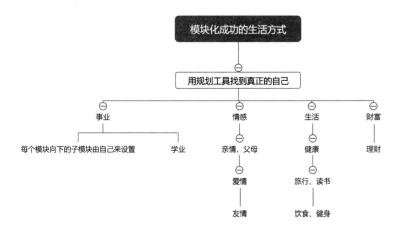

1.自我成长。追求更高阶的认知和更广阔的格局，重视高净值精神。

2.获得事业。事业是实现经济独立的途径，是要能为之奋斗一生的。事业能让我们变得更有价值，做一个自由的个体。

3.经营家庭。幸福的家庭总是需要经营的，我的希望是所有的家庭都能永远幸福。多利用一些关键的时间点，多营造仪式感，让你和爱人的爱情能够保持新鲜，保持吸引力；多和孩子将心比心，彼此感受对方，疏通平等的亲子沟通渠道；多关注父母的需求，帮他们实现晚年的幸福。一家人在一起过日子，可以说是成也细节，败也细节。经营家庭需要时间，也需要注意很多细节。我会在往后的日子里分享更多生活片段。

4.认真生活。找到一套让自己舒适的生活方式。

a. 拥有健康的身体。

b. 保持精致的外形。

c. 始终保持一颗自由而有趣的灵魂。

d. 坚持运动。

e. 定期阅读和旅行。

f. 发现更多生活乐趣。

师蕾清要成为这样的人——

有能力做真实自己的chic lady。

chic lady的定义——

精致女人。精致指的不是当下的状态，是不断追求比更好生活的一种态度；chic更不是追求的终点，是我们为做真实自己而迈向更大目标的一段旅程。

chic lady的精神和使命——

追求"高净值"精神；不断追求更高阶的认知和格局；拥有纯净的生活和气质；过上有价值的人生。

chic lady把生活分成4条主线——

个人成长（Self）、事业（career）、家庭（family）、生活方式（lifestyle）。

感谢30岁前的自己，愿所有认真生活的人都能活出自己满意的人生。